Theoretische und experimentelle Untersuchungen an der synchronen Einphasen-Maschine

Von

Dr.-Ing. **Max Wengner**
Diplom-Ingenieur

Mit 44 in den Text gedruckten Abbildungen und 1 Tafel

München und **Berlin**
Druck und Verlag von R. Oldenbourg
1910

Vorwort.

Der modernen Elektrotechnik ist es gelungen, brauchbare, besonders für den elektrischen Bahnbetrieb geeignete Einphasenmotoren auf den Markt zu bringen. Im unmittelbaren Zusammenhange hiermit trat der von der Drehstrommaschine bislang fast gänzlich verdrängte synchrone Einphasengenerator wieder an den Vordergrund des praktischen und wissenschaftlichen Interesses. Der Verfasser hat darum wohl ein aktuelles Gebiet betreten, wenn er sich — einer freundlichen Anregung des Herrn Professors Ossanna folgend — die Aufgabe stellte, das Verhalten der Einphasenmaschine zum Gegenstand einer theoretischen und experimentellen Untersuchung zu machen.

Entsprechend dem engen Rahmen der Arbeit, wurden aus der Fülle des Stoffes nur einige wichtige Fragen herausgegriffen, und zwar hauptsächlich die folgenden:

Inwieweit ist die Anwendung eines Spannungsdiagrammes bei der Einphasenmaschine möglich? Welche Erscheinungen bedingt das sogenannte inverse Feld und wie lassen sie sich rechnerisch verfolgen? Wie gestalten sich die Verhältnisse bei einer gedämpften Maschine?

Eine genauere Spezifizierung der einzelnen behandelten Punkte bietet die Inhaltsübersicht auf Seite V.

Bei der Durchführung der Aufgabe lehnte sich der Verfasser, soweit sich die Theorien der Ein- und Mehrphasenmaschine berühren, an die graphisch rechnerische Darstellungsmethode an, welche Herr Professor Ossanna in dem von ihm bearbeiteten Teile der Starkstromtechnik[1]) der Behandlung der Mehrphasenmaschine zugrunde gelegt hat.

Für die Anregung zur vorliegenden Untersuchung sowie für die gütige Überlassung der Hilfsmittel des elektrotechnischen Institutes der Kgl. Technischen Hochschule München, welche bei Erledigung des experimentellen Teiles der Arbeit in Anspruch genommen wurden, fühle ich mich Herrn Professor Ossanna zu großem Dank verpflichtet.

M. Wengner.

---

[1]) Starkstromtechnik — Taschenbuch für Elektrotechniker — herausgegeben von E. v. Rziha u. J. Seidner, erschienen im Verlag von Wilhelm Ernst & Sohn, Berlin 1909; Siebenter Abschnitt: Dynamomaschinen, bearbeitet von G. Ossana, Professor an d. Technischen Hochschule München.

Inhaltsübersicht.

A. Theoretischer Teil.

I. Ankerfeld und Ankeramperewindungen.

1. Stehendes Ankerfeld.

Denkt man sich eine Wechselstrommaschine mit mehreren Nuten pro Pol derart bewickelt, daß nur jeweils eine Nut pro Pol Leiter erhält, dann entsteht bekanntlich eine einphasige Einlochwicklung. Fließt durch diese Wicklung ein sinusförmiger mit ν Perioden pulsierender Strom, der dem Gesetze folgt:

$$i_1 = \sqrt{2} \cdot J_1 \cdot \sin\left(\frac{2\pi}{T} t\right) \quad . \; . \; . \; . \; . \; . \quad (1)$$

wobei $T = \frac{1}{\nu}$ = Periodendauer und

J_1 = Effektivwert des Stromes

so bedingen theoretisch die erzeugten Amperewindungen eine magnetomotorische Kraftkurve von der Form, wie sie in Fig. 1 durch den Linienzug a, b, c, d, e, f dargestellt ist. Dabei wurde die positive M. M. K. nach oben aufgetragen und angenommen, daß die Leiter an der Stelle I positiven, d. h. von vorn nach rückwärts gerichteten Strom führen. Die Rechtecksfläche I c d 1 mit

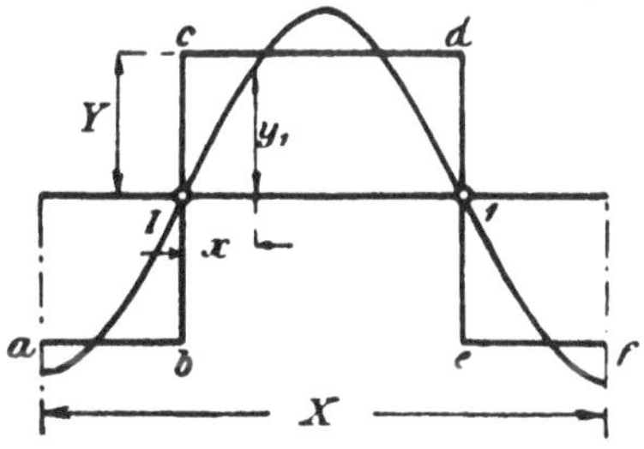

Fig. 1.

der nach dem Sinusgesetz veränderlichen Höhe

$$Y = Y_0 \sin \frac{2\pi}{T} t$$

kann nach Fourier durch eine Summe von ungeraden Harmonischen in beliebiger Annäherung ersetzt werden; die Beziehung hiefür lautet:

$$y = \frac{4}{\pi} Y \left[\sin\left(\frac{2\pi}{X} x\right) + \frac{1}{3} \sin\left(3 \frac{2\pi}{X} x\right) + \frac{1}{5} \sin\left(5 \frac{2\pi}{X} x\right) \ldots \right]$$

hiebei bezeichnen:

y die Ordinate an der Stelle x

x den Abstand der Ordinate y von der Stelle I.

$X = 2\, t_p$ die doppelte Polteilung.

Berücksichtigt man unter Vernachlässigung der höheren Harmonischen lediglich die 1. von der Größe (s. Fig. 1):

$$y_1 = \frac{4}{\pi} Y \sin\left(\frac{2\pi}{X} x\right) \quad \ldots\ldots \quad (2)$$

so ist die Annäherung an die theoretische M. M. K.-Kurve bei der vorliegenden Einlochwicklung ziemlich unvollkommen, bei Mehrlochwicklungen dagegen praktisch genügend genau[1]).

Da im modernen Dynamobau allgemein nur Mehrlochwicklungen Anwendung finden, so soll im folgenden ausschließlich die 1. Harmonische der M. M. K.-Kurve in Rechnung gezogen werden.

Die Amplitude der 1. Harmonischen

$$\frac{4}{\pi} Y = \frac{4}{\pi} Y_0 \sin \frac{2\pi}{T} t \quad \ldots\ldots \quad (3)$$

variiert periodisch und erlangt in der Zeit $t = \frac{T}{4}$ ihren Maximalwert $\frac{4}{\pi} Y_0$. Hierbei bedeutet

$$Y_0 = \frac{1}{2} \cdot \sqrt{2} \cdot \frac{J_1}{\mathfrak{a}} \mathfrak{w}$$

die maximale Höhe der Rechtecksfläche $I\,c\,d\,1$, wenn

$\mathfrak{w}$ die Windungszahl pro Nut und

$\mathfrak{a}$ die Zahl der parallelen Stromkreise

bezeichnen.

---

[1]) Vergl. Starkstromtechnik, Taschenbuch für Elektrotechniker, verlegt bei Ernst u. Sohn, Berlin 1909 (weiterhin zitiert mit St. T.); siebenter Abschnitt; Dynamomaschinen, bearbeitet von Prof. Ossanna, S. 559, ferner S. 511.

Der Faktor $^1/_2$ tritt deshalb zu der an Stelle I (s. Fig. 1) konzentrierten Amperewindungszahl $\sqrt{2}\, J_1 \frac{\mathfrak{w}}{\mathfrak{a}}$, weil diese Amperewindungen sowohl den positiven wie den negativen Maximalwert Yo der M. M. K. erzeugen.

Sind nun von z_0 Nuten pro Pol z bewickelt, so läßt sich bekanntlich eine solche z Lochwicklung in z Einlochwicklungen auflösen, die um den Nutenwickel $\frac{\pi}{z_0} = \varphi$ jeweils gegeneinander verschoben sind.

Wären die z vom Strom J_1 durchflossenen Einlochwicklungen koaxial, so hätte der Maximalwert der von ihnen hervorgerufenen, im Raum sinusartig verteilten M. M. K.e die Größe:

$$\frac{4}{\pi}\, Yo = \frac{4}{\pi}\, \frac{1}{2}\, \sqrt{2}\, J_1 \frac{z\mathfrak{w}}{\mathfrak{a}}$$

Nachdem aber die z Einlochwicklungen eine gegenseitige Verschiebung um den Winkel φ aufweisen, sind ihre M. M. K.e nicht arithmetisch sondern geometrisch zu addieren und ergeben den resultierenden Maximalwert:

$$f\, \frac{4}{\pi}\, Yo = f\, \frac{4}{\pi}\, \frac{\sqrt{2}}{2}\, J_1 \frac{z\mathfrak{w}}{\mathfrak{a}} \quad \ldots\ldots\ldots \quad (4)$$

dabei bedeutet der sogenannte Wicklungsfaktor f das Verhältnis der geometrischen zur arithmetischen Summe der Maximalwerte der M. M. K.e der Einzelwicklungen und wird durch den Ausdruck dargestellt:

$$f = \frac{\sin\left(\frac{\pi}{2} \cdot \frac{z}{z_0}\right)}{z \cdot \sin\left(\frac{\pi}{2} \cdot \frac{1}{z_0}\right)} = \frac{\sin\left(z \cdot \frac{\varphi}{2}\right)}{z \cdot \sin \frac{\varphi}{2}} \quad \ldots \quad (5)$$

Die Ableitung der Formel für den Wicklungsfaktor ist so bekannt, daß sie hier nicht wiederholt werden soll (siehe Arnold, Band III, 1904, S. 306—312).

Vereinigt man nun Gl. 3 mit Gl. 2, wobei die Anwendung einer Mehrlochwicklung vorausgesetzt, der Wicklungsfaktor f zu Yo hinzutreten muß, dann ergibt sich für die M. M. K. die Beziehung:

$$y_1 = f\,\frac{4}{\pi}\,Y_o \sin\left(\frac{2\pi}{T}\cdot t\right)\sin\left(\frac{2\pi}{X}\,x\right) \quad . \; . \; . \quad (6)$$

hierbei repräsentiert y_1 die M. M. K.-Ordinate an der Stelle x zurzeit t, die mit einer Konstanten multipliziert auch die Ankerfeldstärke liefert, wenn ein gleichmäßiger Luftraum vorhanden ist.

2. Stehende Ankeramperewindungen.

Eine im Zeitmoment t längs der Ankerperipherie sinusförmig variierende M. M. K. kann nur von sinusartig verteilt gedachten Ampereleitern erzeugt werden, die eine räumliche Verschiebung um 90^0 aufweisen. In Fig. 2 seien M. M. K.e und Amperewindungen für die Zeit $t = \frac{T}{4}$ dargestellt, wobei die nach oben abgetragenen Ordinaten positiven Werten entsprechen. Bezeichnet AS_m den Maximalwert der Ampereleiter, so hat ihr Mittelwert die Größe $\frac{2}{\pi}\cdot AS_m$. Nun ergibt die Summe aller positiven Ampereleiter, $\frac{2}{\pi}\cdot AS_m \cdot t_p$, den Maximalwert der M. M. K., $f\,\frac{4}{\pi}\,Y_o$, an den Stellen a und b; daher gilt die Beziehung:

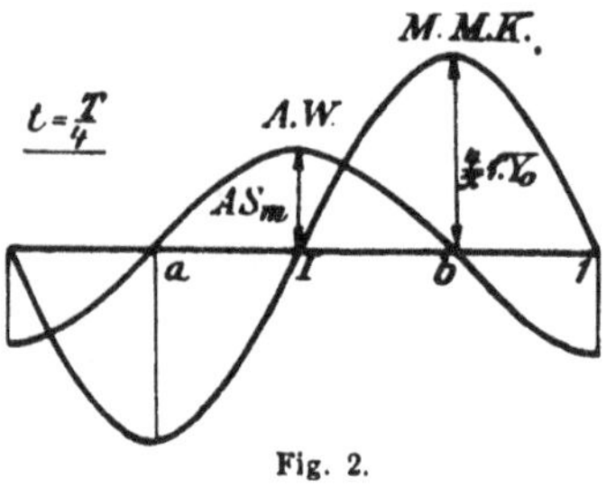

Fig. 2.

$$\frac{2}{\pi}\cdot AS_m\cdot t_p = 2\cdot f\,\frac{4}{\pi}\,Y_o$$

Hieraus kann aber AS_m berechnet werden, nämlich:

$$AS_m = f\,\frac{4}{\pi}\,Y_o\,\frac{\pi}{t_p}$$

Tritt man mit der vorstehenden Gl. in Gl. 4 ein, so findet sich:

$$AS_m = 2\cdot\sqrt{2}\cdot f\cdot J_1\cdot\frac{z\mathfrak{w}}{\mathfrak{a}}\,\frac{1}{t_p} = 2\cdot\sqrt{2}\cdot f\cdot AS \quad . \; . \quad (7)$$

wenn

$J_1 \frac{z\mathfrak{w}}{\mathfrak{a}} = AS \cdot t_p$ die Zahl der effektiven Ampereleiter pro Pol

und AS die Zahl der effektiven Ampereleiter pro 1 cm Ankerumfang

bedeuten.

AS_m bezeichnet den räumlichen und zeitlichen Maximalwert der sinusförmig verteilten Anker-Ampereleiter; der räumliche Maximalwert der Ampereleiter im Zeitmoment t, AS_t, steht zu AS_m in dem Verhältnis:

$$AS_t = AS_m \cdot \sin \frac{2\pi}{T} t$$

3. Fiktive, drehende Anker-Felder und -Amperewindungen.

Nach Gl. 6 ergibt sich für die sinusförmig am Ankerumfang verteilte, pulsierende magnetomotorische Kraft der Ausdruck:

$$y_1 = c \cdot \sqrt{2} \cdot J_1 \cdot \sin\left(\frac{2\pi}{T} t\right) \sin\left(\frac{2\pi}{X} x\right) \quad . \quad . \quad . \quad (7a)$$

wenn

$$c = f \frac{4}{\pi} \cdot \frac{1}{2} \cdot \frac{z\mathfrak{w}}{\mathfrak{a}}$$

gesetzt wird.

Unter Benützung der bekannten, goniometrischen Beziehung:

$$\sin\alpha \cdot \sin\beta = {}^1\!/_2 \cos(\alpha - \beta) - {}^1\!/_2 \cos(\alpha + \beta)$$

läßt sich nun y_1 als die Summe zweier Teilordinaten $y' + y''$ darstellen, wobei die Summanden y' und y'' die Werte besitzen:

$$y' = \frac{c}{2} \sqrt{2} \cdot J_1 \cdot \cos\left(\frac{2\pi}{T} t - \frac{2\pi}{T} x\right) \quad . \quad . \quad . \quad (8)$$

$$y'' = -\frac{c}{2} \sqrt{2} \cdot J_1 \cdot \cos\left(\frac{2\pi}{T} t + \frac{2\pi}{X} x\right) \quad . \quad . \quad (9)$$

Die Bedeutung der so gewonnenen Gl. 8 und 9 soll im folgenden an Hand einer Skizze erläutert werden (s. Fig. 3).

Bei der Ableitung der Formel für die M. M. K. y_1 an der Stelle x zur Zeit t gingen wir von einer Einlochwicklung aus, wobei x den Abstand der Ordinate y_1 von den positiven Amperewindungen an Stelle I (s. Fig. 1, S. 1) bezeichnete. Wir können uns auch jetzt an Stelle der Mehrlochwicklung eine zu ihr koaxiale Einlochwicklung denken, wenn dieselbe eine Leiterzahl pro Nut von der Größe $f \cdot z \cdot \mathfrak{w}$ besitzt.

Nach Gleichung 1 ist im Zeitmoment $t = o$ der Augenblickswert des Stromes i_1 in den Leitern an der Stelle I gleich Null. Haben nun Strom und die vom Polfeld induzierte E. M. K. E_s gleiche Phase, so wird auch der Momentanwert der Spannung e_s im Augenblick $t = o$ zu Null werden; damit ist aber die Lage der Spule I, 1 gegenüber den Polen in diesem Zeitmoment bestimmt (s. Fig. 3a).

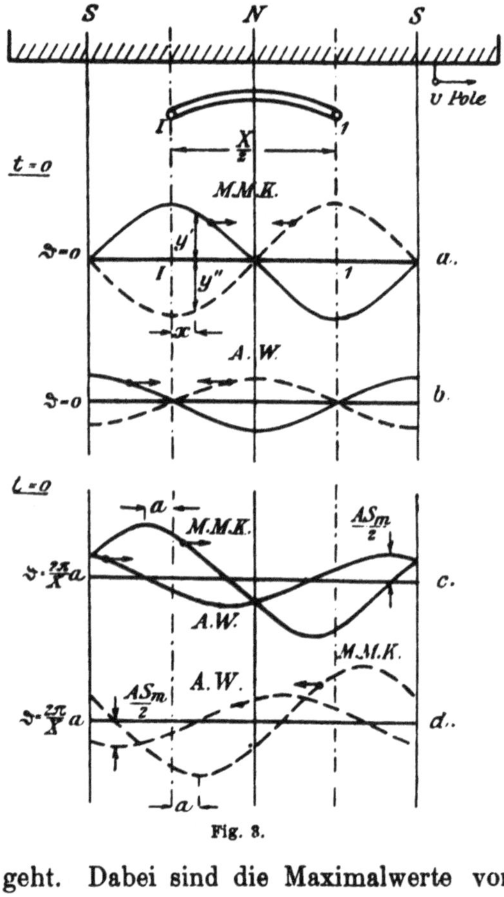

Fig. 3.

Entsprechend dem Nullwert des Stromes besitzt die M. M. K. y_1 an irgendeiner Stelle x des Ankerumfangs die Größe Null; dagegen variieren die komponentalen M. M. K.e y' und y'' längs der Ankerperipherie nach der ausgezogenen bzw. strichlierten Sinuslinie (s. Fig. 3a), wie aus Gleichungen 8 und 9 ohne weiteres hervorgeht. Dabei sind die Maximalwerte von y' und y'' an der Stelle $x = o$ einander gleich und halb so groß als der Maximalwert y_1 an der Stelle $x = \frac{X}{4}$ bei $t = \frac{T}{4}$ (s. Gl. 7a).

Nach der Zeit $t = o$ wird bei einer Rotation der Pole von links nach rechts die E. M. K. und der Strom der Leiter in I positiv (vgl. Drehrichtung der ausgezogenen Vektoren des Diagrammes. Fig. 4); die in Spule I, 1 erzeugten, sinusförmig verteilten M. M. K.e sind mithin ebenfalls positiv d. h. nach aufwärts gerichtet.

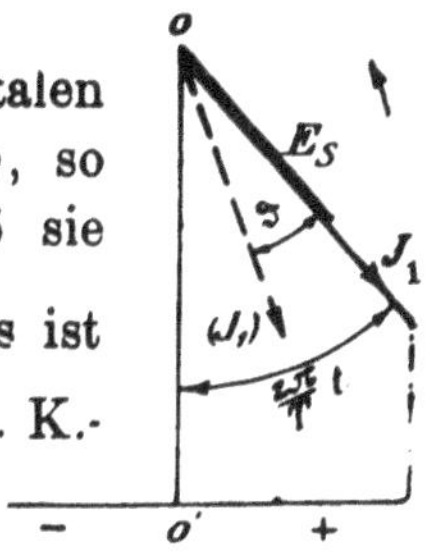

Fig. 4.

Betrachten wir nun die komponentalen M. M. K.e y' und y'' an der Stelle $x = o$, so finden wir aus Gleichungen 8 und 9, daß sie sich mit dem $\cos\left(\frac{2\pi}{T}t\right)$ zeitlich ändern; das ist aber nur dann möglich, wenn sich die M. M. K.-Diagramme bei gleichbleibender Größe gegenüber der Stelle $x = o$ verschieben, sobald t größer als o wird.

Da nach der Zeit $t = o$ y' und y'' an der Stelle $x = \frac{X}{4}$ positive Werte annehmen, so ist auch die Verschiebungsrichtung gegeben:

Das ausgezogene M. M. K.-Diagramm rotiert gleichsinig mit den Polen nach rechts, das strichliert gezeichnete invers d. h. in unserem Falle nach links (s. Pfeile Fig. 3a, S. 6). Gemäß diesem Drehsinn der Diagramme werden die resultierenden M. M. K.e in der Spule I, 1 nach der Zeit $t = o$ sinusförmig verteilt und positiv gerichtet sein (s. o.).

Ferner folgt die Winkelgeschwindigkeit der Drehung aus der Beziehung:

$$\omega = \frac{d\left(\frac{2\pi}{T}t\right)}{dt} = \frac{2\pi}{T}$$

Sie ist also konstant und entspricht einer gleichförmigen Geschwindigkeit an der Ankerperipherie von der Größe:

$$v = \frac{X}{T}$$

Da v und die Polgeschwindigkeit offenbar identisch sind, so ergibt sich das Resultat:

Die stehenden, sinusförmig verteilten, pulsierenden M. M. K.e in der Spule I, 1 mit dem Maximalwert $c \cdot \sqrt{2} \cdot J_1$ lassen sich in synchron und invers rotierende sinusförmig verteilte konstante M. M. K.e zerlegen, deren Maximalwert die Größe hat (s. Kap. I., Abs. 2):

$$\frac{c \cdot \sqrt{2} \cdot J_1}{2} = \frac{1}{2} f \frac{4}{\pi} Y_0 = \frac{t_p}{\pi} \frac{AS_m}{2}$$

Was für die M. M. K.e gilt, muß aber analog für die sie erzeugenden sinusartig verteilten Amperewindungen Gültigkeit haben. Daher besitzen die entgegengesetzt drehenden, konstanten Amperewindungen die maximale Höhe

$$\frac{AS_m}{2} = \sqrt{2} f \cdot AS$$

(s. Gl. 7 u. Fig. 3b, S. 6).

Schließlich dürfen die aus Gl. 7a, 8 und 9 gezogenen Schlüsse bei gleichmäßigem Luftraum auch auf das Ankerfeld angewandt werden, da bekanntlich in diesem Falle Feldstärke und M. M K. an jeder Stelle einander proportional sind. Das stehende Wechselfeld kann mithin als periodisch veränderliche Summe eines synchronen und inversen Drehfeldes von jeweils konstanter Größe aufgefaßt werden.

Bisher wurden Strom und Spannungsvektor in Phase angenommen; im allgemeinen schließen sie aber einen Winkel mit einander ein, der mit $\vartheta = \frac{2\pi}{X} a$ bezeichnet werden möge. Dieser sog. innere Phasenverschiebungswinkel sei negativ bei Voreilung, positiv bei Nacheilung des Stromes gegenüber der E. M. K. E_s (s. Fig. 4, S. 7 strichlierter Vektor (J_1); ϑ positiv).

Für den allgemeinen Fall, wenn ϑ von Null verschieden ist, lauten dann die Gl. 8 und 9:

$$y' = \frac{c}{2} \sqrt{2}\, J_1 \cos \left[\left(\frac{2\pi}{T} t - \vartheta\right) - \frac{2\pi}{X} \cdot x\right] \quad . \quad . \quad (8a)$$

$$y'' = -\frac{c}{2} \sqrt{2}\, J_1 \cos \left[\left(\frac{2\pi}{T} t - \vartheta\right) + \frac{2\pi}{X} x\right] \quad . \quad . \quad (9a)$$

Die so modifizierten Formeln 8a und 9a besagen aber, daß bei positivem Winkel ϑ sowohl die synchronen wie die inversen M. M. K.e eine ihrem Drehsinn entgegengesetzte Verschiebung an der Ankerperipherie um die Strecke a erfahren, die dem Winkel ϑ entspricht (s. Fig. 3c und d, S. 6). Ist ϑ negativ, so tritt natürlich eine Verschiebung im Drehsinn ein.

Die gleiche Veränderung der Lage erfolgt auch bei den Amperewindungen, die immer um 90° den M. M. K.en nacheilen (s. Fig. 3c u. d).

Wie nun aus der graphischen Darstellung ersichtlich, variiert die Größe der synchronen bez. inversen Amperewindungen an der Stelle $x = o$ im Laufe der Drehung nach dem Gesetze $\frac{AS_m}{2} \sin \left(\frac{2\pi}{T} t - \vartheta\right)$, während der Momentanwert des Stromes i_1 der an derselben Stelle (I) befindlichen Leiter der Beziehung folgt: $i_1 = \sqrt{2} \cdot J_1 \cdot \sin \left(\frac{2\pi}{T} t - \vartheta\right)$. Mithin sind die nach links und rechts rotierenden $A. W.$ jeweils mit dem Strom in Phase, d. h. ihr Maximalwert $\frac{AS_m}{2}$, kann in gleicher Richtung mit dem Stromvektor J_1 aufgetragen werden.

4. Ersatz der drehenden Einphasen-Amperewindungen durch äquivalente Drehstromamperewindungen.

Bekanntlich entstehen auch bei einer Dreiphasenmaschine mit synchroner Geschwindigkeit rotierende, sinusförmig verteilte Amperewindungen. Es lassen sich demnach die synchronen und inversen Amperewindungen der Einphasenmaschine durch äquivalente Drehstromamperewindungen ersetzen. Da von dieser Möglichkeit im experimentellen Teil der Arbeit Gebrauch gemacht wurde, so soll hier die Größe des Drehstroms berechnet werden, der die äquivalenten $A. W.$ erzeugt.

Sind die synchron bzw. invers drehenden $A. W.$ einer Einphasenmaschine den drehenden $A. W.$ einer Dreiphasenmaschine gleich, dann müssen die Maximalwerte der $A. W.$ identisch sein, d. h. es besteht die Beziehung:

$$\frac{\frac{AS_m}{2}}{AS_{m3\varphi}} = 1$$

wenn $AS_{m3\varphi}$ den Maximalwert der Drehstrom-$A. W.$ bedeutet und die bekannte Größe hat (s. St. T., S. 514):

$$AS_{m3\varphi} = \sqrt{2} f' A S_{3\varphi}$$

wo $\quad f$ den Wicklungsfaktor einer Phase

und $\quad AS_{3\varphi} = 3\,\frac{z'\,\mathfrak{w}}{\mathfrak{a}'}\cdot\frac{1}{t_p}\cdot J_{3\varphi}$

die Zahl der effektiven Ampereleiter pro cm bezeichnen. Hierbei sei unter:

z' die Zahl der Nuten pro Pol und Phase
$\mathfrak{a}'$ die Zahl der parallelen Stromkreise
$\mathfrak{w}'$ die Windungszahl pro Nut

verstanden. Wird nun $\frac{AS_m}{2}$ nach Gl. 7 ausgedrückt, so folgt:

$$\frac{f\cdot AS}{f'\,AS_{3\varphi}} = \frac{f\cdot\frac{z\,\mathfrak{w}}{\mathfrak{a}}}{3\,f'\,\frac{z'\,\mathfrak{w}}{\mathfrak{a}}\cdot J_{3\varphi}} = 1$$

und hieraus:

$$\frac{J_1}{J_{3\varphi}} = \frac{3\cdot f'\cdot\frac{z'\,\mathfrak{w}}{\mathfrak{a}}}{f\cdot\frac{z\,\mathfrak{w}}{\mathfrak{a}}}$$

Verwendet man, wie es praktisch üblich ist, für Einphasen- und Drehstrom-Generator dasselbe Modell und führt die Einphasenwicklung so aus, daß sie zwei in Serie geschalteten Phasen der Drehstromwicklung entspricht, wobei $^1/_3$ der Nuten unbewickelt bleibt, dann gelten die Gleichungen:

$$z = 2\,z'$$

$$\frac{f'}{f} = \frac{2\sin\left(\frac{\pi}{6}\right)}{\sin\left(\frac{\pi}{3}\right)} = \frac{2}{\sqrt{3}}$$

(über f s. Gl. 5)

ferner sei: $\quad \mathfrak{w} = \mathfrak{w}'$

und $\quad \mathfrak{a} = \mathfrak{a}' \quad$ gewählt

also:

$$\frac{J_1}{J_{3\varphi}} = \sqrt{3} \quad \ldots\ldots\ldots \quad (10)$$

Das Drehstromsystem, welches die äquivalenten Amperewindungen erzeugt, hat folglich die Vektorgröße $J_{3\varphi} = \frac{J_1}{\sqrt{3}}$.

Entsprechend den synchronen bzw. inversen Amperewindungen ergeben sich nun 2 Vektorsysteme mit entgegengesetzter Reihenfolge der Vektoren, die mit 01, 02, 03 bzw. 01′, 03′, 02′ bezeichnet werden mögen (s. Fig. 5; die Bedeutung der in Klammern stehenden Ziffern (1′), (2′), (3′) soll später erläutert werden). Die gegenseitige Verschiebung der Vektorsterne wird sofort klar, wenn man bedenkt, daß bei Speisung einer Drehstrommaschine mit einphasigem Wechselstrom nur 2 Phasen belastet werden, während die dritte unbelastet bleibt: Die arithmetische Summe der Ströme in dieser letzteren Phase muß sich demnach aufheben, die geometrische Summe der Ströme in den beiden anderen Phasen jeweils einen resultierenden Wert: $\sqrt{3} \cdot J_{3\varphi} = J_1$ liefern. Fig. 5 zeigt die geometrische Zusammensetzung der Vektoren, wobei eine Speisung der in Serie geschalteten Phasen 1 und 2 mit Einphasenstrom angenommen ist.

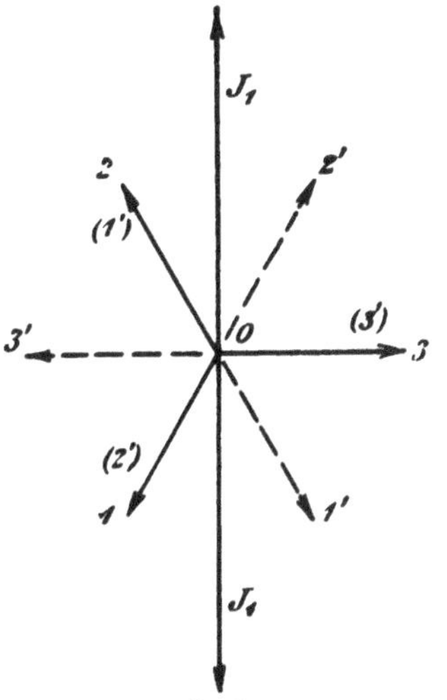

Fig. 5.

Nun ist aus der Theorie der Drehstrommaschinen bekannt, welche Lage die sinusförmig verteilten *A.W.* gegenüber den Polen einnehmen, wenn der innere Phasenverschiebungswinkel ϑ zwischen der vom Magnetfeld induzierten Phasenspannung und dem Phasenstrom $J_{3\varphi}$ die Größe Null besitzt (vgl. St. T. S., 315, Fig. 74). Ein Vergleich mit den synchronen *A.W.* der Einphasenmaschine bei $\vartheta = 0^0$ (s. Fig. 3b, S. 6) lehrt, daß sich Drehstrom- und synchrone Einphasen-*A.W.* decken, dieselbe Drehrichtung des Magnetrades vorausgesetzt. Die Deckung bleibt aber auch für den allgemeineren Fall einer inneren Phasenverschiebung $\vartheta > o$ oder $< o$ erhalten, da bei positiven oder negativen Werten des Winkels ϑ die Dreiphasen- und synchronen Einphasen-*A.W.* die gleiche Verschiebung erfahren, nämlich gegen bzw. im Drehsinn der Pole (s. Abs. 3).

Diese Tatsache erlaubt bei unerregter Maschine eine experimentelle Trennung der Rückwirkung der synchronen und inversen *A. W.* bzw. des synchronen und inversen Feldes auf den Anker; doch muß für den Versuch eine mit einer Drehstromwicklung versehene Type zur Verfügung stehen, die ein- und dreiphasig so belastet werden kann, daß in beiden Fällen der gleiche innere Phasenverschiebungswinkel ϑ auftritt. Das Größenverhältnis der Ströme J_1 und $J_{3\varphi}$, deren periodischer Verlauf möglichst sinusförmig sein soll, ist hierbei durch Gl. 10 gegeben (Weiteres s. experimenteller Teil unter Kap. II, Abs. 3).

II. Rückwirkung des synchronen Feldes auf den Anker.

1. Maschine mit unausgeprägten Polen.

a) Berechnung der vom Ankerfeld induzierten E. M. K.

In Kap. I., Abs. 3. wurde eine Zerlegung der stehenden, pulsierenden M. M. K.e in synchron und invers drehende, konstante M. M. K.e vorgenommen. Folglich können wir nun die Wirkung dieser fiktiven, komponentalen M. M. K.e. für sich untersuchen, indem zunächst vorausgesetzt werden möge, daß die inversen M. M. K.e durch eine besondere Wicklungsanordnung kompensiert seien.

Hat die Maschine einen konstanten Luftraum, so erzeugen die längs der Ankerperipherie sinusförmig variierenden synchronen M. M. K.e ein Feld von gleicher Form und Lage. Die Relativgeschwindigkeit dieses Feldes gegenüber den Polen ist Null, gegenüber der Ankerwicklung die synchrone. Somit induziert es während der Drehung im Anker eine E. M. K., die nach der bekannten für Drehfelder geltenden Beziehung berechnet werden kann[1]), nämlich:

$$E_a = \frac{2\pi}{\sqrt{2}} H_a \cdot \nu \cdot R \cdot L \cdot 2 f_1 \frac{\mathfrak{z}\mathfrak{w}}{\mathfrak{a}} 10^{-8} \text{ Volt} \quad . \quad . \quad 11)$$

[1]) Vergl. St. T., S. 561.

Hierbei ist:

E_a der Effektivwert der Spannung in Volt,
R der Ankerradius in cm,
L die Maschinenbreite in cm,
ν die Periodenzahl pro sec,
z die Zahl der bewickelten Nuten pro Pol.

Über $\mathfrak{w}$ und $\mathfrak{a}$ s. unter I. 1.

Der Wicklungsfaktor f berücksichtigt die Verteilung der Wicklung in mehreren Nuten pro Pol und hat die durch Gl. 5 gegebene Größe. Ferner liefert der Maximalwert der synchronen M. M. K. e $\frac{t_p}{\pi} \cdot \frac{AS_m}{2}$ (s. Kap. I Abs. 2) mit $\frac{4\,\pi}{10}\frac{1}{\delta''}$ multipliziert, den Maximalwert der Ankerfeldstärke im Luftraum H_a,

$$\text{also } H_a = \frac{t_p}{\pi} \cdot \frac{AS_m}{2}\,\frac{4\,\pi}{10} \cdot \frac{1}{\delta''} \quad . \quad . \quad . \quad . \quad (12)$$

wo δ'' den reduzierten Luftraum bedeutet, der wegen der Konzentration der Kraftlinien an den Zähnen und des magnetischen Widerstandes im Eisen immer größer ist als der wirkliche Luftraum δ.

Drückt man nun AS_m nach Formel 7 aus und vereinigt hierauf Gl. 12 durch Substitution mit Gl. 11, so ergibt sich:

$$E_a = \frac{16\,\pi}{10} \cdot \frac{R \cdot L}{\delta''} \cdot \nu \cdot w_1^2\, 10^{-8} \cdot J_1 = k_a \cdot J_1 \quad (13)$$

$w_1 = f_1 \cdot \frac{z\,\mathfrak{w}}{\mathfrak{a}}$ primäre in Serie geschaltete Leiterzahl pro Pol mal Wicklungsfaktor,

k_a = Ankerreaktanz.

Die Richtung der E. M. K. E_a gegenüber dem Strom kann mit Hilfe der Fig. 3a, S. 6 festgestellt werden. Im Zeitmoment Null ist das der M. M. K. proportionale Feld an der Stelle I positiv und rotiert nach rechts; somit hat der Augenblickswert der induzierten E. M. K. gerade ein negatives Maximum, während der Strom den Minimalwert Null besitzt und nach der Zeit $t = 0$ positiv wird. Die E. M. K. E_a eilt folglich dem Strom um 90° nach oder vektoriell ausgedrückt:

$$\dot{E}_a = j\,ka \cdot \dot{J}_1$$

Hierbei sind die vektoriellen Größen des Stromes und der Spannung mit Punkten versehen, um sie in der Schreibweise gegenüber den absoluten Werten zu kennzeichnen. Ferner wurde der Faktor $j = \sqrt{-1}$ in die Gleichung eingeführt; da im folgenden noch wiederholt die komplexe Rechnung Anwendung findet, so sei hier zur Erläuterung dieser symbolischen Bezeichnung bemerkt:

Die Multiplikation eines Vektors mit $+j = +\sqrt{-1}$ liefert einen um 90° nacheilenden, die Multiplikation mit $-j = -\sqrt{-1}$ einen um 90° voreilenden neuen Vektor.

b) Spannungsdiagramm.

Außer der vom Ankerfeld erzeugten Spannung $\dot{E}_a$ wird vom Polfeld die Spannung $\dot{E}_s$, vom Nuten- und Stirn-Streufeld die Spannung $\dot{E}_\sigma$ im Anker induziert. Ferner soll der ohmische Spannungsabfall durch den Vektor $\dot{E}_r$ berücksichtigt werden. Da die streuenden Kraftlinien vorwiegend oder ganz in Luft verlaufen, so eilt bekanntlich $\dot{E}_\sigma$ dem Strom 90° nach, während $\dot{E}_r$ in Opposition mit $\dot{J}_1$ steht (als passive E. M. K. aufgefaßt).

Die Summe aller Spannungen muß die Generatorklemmenspannung $\dot{\Delta}$ liefern:

also $$\dot{E}_s + \dot{E}_a + \dot{E}_\sigma + \dot{E}_r = \dot{\Delta}_1 \quad \ldots\ldots \quad (14)$$

oder $$\dot{E}_s + j\,(k_a + k_\sigma)\,\dot{J}_1 - \dot{J}_1\,r_1 = \dot{\Delta}_1$$

wobei k_σ die Streureaktanz und r_1 den ohmischen Widerstand bedeuten.

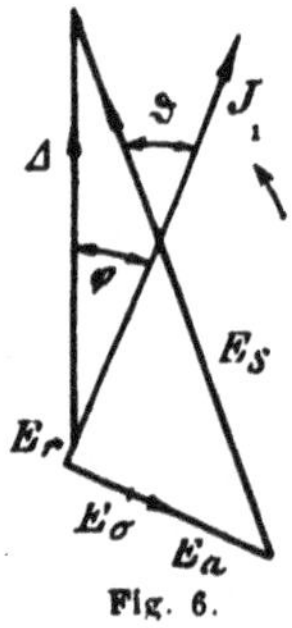

Fig. 6.

Unter Annahme eines positiven inneren Phasenverschiebungswinkels ϑ ist diese Vektorgleichung in Fig. 6 graphisch dargestellt. Hierbei ergibt sich ein äußerer Phasenverschiebungswinkel φ zwischen $\dot{\Delta}$ und $\dot{J}_1$, der als positiv bezeichnet werden soll, wenn $\dot{\Delta}$ dem Strome $\dot{J}_1$ voreilt. Das so entstandene Vektordiagramm gilt nur für konstanten Luftraum bei Unterdrückung des inversen Feldes.

2. Maschine mit ausgeprägten Polen.

a) Zerlegung der synchronen Amperewindungen. Gegen- und Querfeld.

Im allgemeinen findet sich aber nur dann bei Synchronmaschinen ein konstanter Luftraum, wenn der Rotor durch die Fliehkraft eine außergewöhnliche Materialbeanspruchung erfährt (Turbogeneratoren). Unter normalen Verhältnissen baut man Magneträder mit ausgeprägten Polen, die eine bessere Ausnützung des Wicklungsraumes ermöglichen und gleichzeitig die Ankerrückwirkung verkleinern, da sich das Feld in den Pollücken soviel wie gar nicht ausbilden kann.

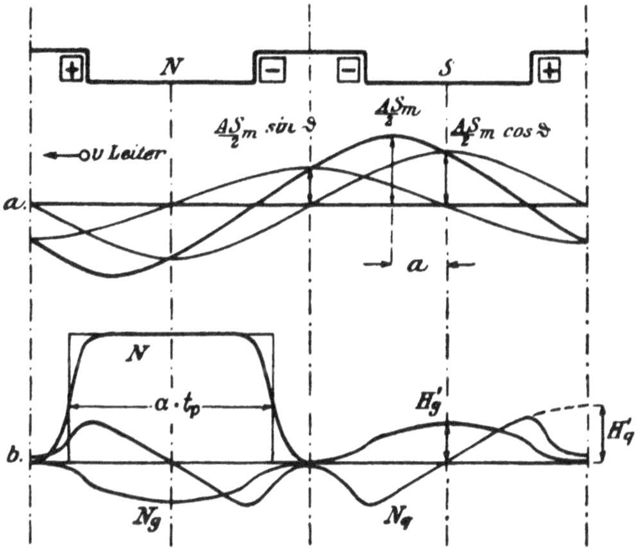

Fig. 7.

Bei einem derartigen Magnetsystem nötigt die Verschiedenheit des magnetischen Widerstandes längs der Rotorperipherie zu einer Zerlegung der synchronen Amperewindungen in sog. Gegen- und Quer-Amperewindungen.

Da bei demselben inneren Phasenverschiebungswinkel ϑ Drehstrom- und synchrone Einphasen-*A. W.* den Polen gegenüber die gleiche Lage haben (s. K. I., Abs. 4), so ergeben sich die komponentalen A. W. wie bei der Dreiphasenmaschine (vgl. St. T., S. 513). In Fig. 7a ist die Zerlegung unter

Annahme einer positiven inneren Phasenverschiebung veranschaulicht. Der Höchstwert der synchronen *A. W.*, $\frac{A S_m}{2}$, ist gegenüber der Polmitte um die dem Winkel ϑ proportionale Strecke $a = \vartheta \frac{X}{2\pi}$ verschoben und zerfällt in die Komponenten $\frac{A S_m}{2} \sin \vartheta$ und $\frac{A S_m}{2} \cos \vartheta$, welche die Maximalwerte der Gegen- und Queramperewindungen pro cm darstellen.

Die Gegenamperewindungen erzeugen, je nach dem der Winkel ϑ einen positiven oder negativen Wert annimmt, einen das Hauptfeld schwächenden oder verstärkenden Kraftfluß, das Gegenfeld ($N g$); die Queramperewindungen ihrerseits bewirken eine Quermagnetisierung, die als Querfeld (N_q) bezeichnet wird. Die komponentalen Ankerfelder verlaufen wegen der verschiedenen Größe des Luftraumes unter den Polen und im Polzwischenraum nicht sinusartig, sondern haben etwa die in Fig. 7 b gezeichnete Kurvenform. Mit dem Magnetfeld (N) liefern sie ein resultierendes Feld (in die Figur nicht eingetragen), das in Wirklichkeit allein zustande kommt. Aus dem Gegen- und Querfeld läßt sich nun jeweils eine erste Harmonische in einfacher Weise berechnen, indem man nur die Feldordinaten längs der Strecke $\alpha \cdot t_p$ (s. Fig. 7 b) berücksichtigt und annimmt, daß ihre Variation nach einer Sinuslinie erfolgt; $\alpha \cdot t_p$ bedeutet hierbei die Grundlinie einer Rechtecksfläche, die gleiche Höhe und gleichen Flächeninhalt wie das Erregerfeld besitzt, während der sog. Polbedeckungsfaktor α das Verhältnis der Basis des Rechtecks zur Polteilung darstellt. Bezeichnet H'_g den Maximalwert des Gegenfeldes, H'_q den Maximalwert des Querfeldes, der bei konstantem Luftraum vorhanden wäre (s. Fig. 7, b), so haben die ersten Harmonischen die Amplituden H_g und H_q, wo

$$H_g = c_g \cdot H'_g$$
$$H_q = c_q \cdot H'_q$$

zu setzen ist und die Koeffizienten c_g und c_q sich als Funktionen von α ergeben, nämlich:

[1]) $c_g = \alpha + \frac{\sin(\pi \cdot \alpha)}{\pi}$ . . . . . (15a)

[1]) $c_q = \alpha - \frac{\sin(\pi \,.\, \alpha)}{\pi}$ . . . . . (15b)

Das Querfeld enthält offenbar auch eine stark ausgeprägte dritte Harmonische, die ebenfalls in Rechnung gezogen werden könnte. Doch hat diese meist auf die im Stator induzierte Spannung keinen Einfluß, weil regulär $^2/_3$ der Nuten pro Pol bewickelt werden und hierbei der Wicklungsfaktor für die dritte Harmonische den Wert Null annimmt (s. St. T., S. 511 »f_3«).

b) Ankerspannungen; Diagramm.

Die maximalen Feldstärken H_g und H_q lassen sich nun analog Gl. 12 aus den maximalen M. M. K.en ermitteln, nämlich:

$$H_g = c_g \cdot \frac{t_p}{\pi} \cdot \frac{A S_m}{2} \sin \vartheta \cdot \frac{4\pi}{10} \cdot \frac{1}{\delta''_g} \quad . \ . \ (16)$$

$$H_q = c_q \cdot \frac{t_p}{\pi} \cdot \frac{A S_m}{2} \cos \vartheta \cdot \frac{4\pi}{10} \cdot \frac{1}{\delta''_q} \quad . \ . \ (17)$$

wenn δ''_g und δ''_q die reduzierten Lufträume für das Gegen- und Querfeld bedeuten.

Verfährt man ferner wie bei Aufstellung der Gl. 13, so erhält man für die vom Gegen- und Querfeld im Anker induzierten Spannungen E_g und E_q die Werte:

$$E_g = c_g \cdot \frac{16\pi}{10} \cdot \frac{R\,L}{\delta''_g} \cdot \nu \cdot w_1^2 \cdot 10^{-8} J_1 \sin \vartheta = k_g\, J_1 \cdot \sin \vartheta \quad (18)$$

$$E_q = c_q \cdot \frac{16\pi}{10} \cdot \frac{R\,L}{\delta''_q} \cdot \nu \cdot w_1^2 \cdot 10^{-8} J_1 \cos \vartheta = k_q\, J_1 \cdot \cos \vartheta \quad (19)$$

[1]) Bei Anwendung einer Fourierschen Reihenentwicklung erhält man für die Koeffizienten der Grundharmonischen c_g und c_q die Integralausdrücke:

$$c_g = \frac{2}{\pi} \int\limits_{x = \frac{\pi}{2}(1 - \alpha)}^{x = \frac{\pi}{2}(1 + \alpha)} \sin^2 x \cdot d\,x$$

$$c_q = \frac{2}{\pi} \int\limits_{x = 0}^{x = \frac{\alpha \cdot \pi}{2}} \sin^2 x \cdot d\,x + \frac{2}{\pi} \int\limits_{x = \left(1 - \frac{\alpha}{2}\right)}^{x = \pi} \sin^2 x \cdot d\,x$$

die nach Auswertung und Einführung der Grenzen obige Resultate liefern.

Mithin ist die Spannung E_g der wattlosen, die Spannung E_q der Wattkomponente des Stromes proportional. Da das Gegenfeld bei positivem Winkel ϑ mit dem Erregerfeld in Opposition steht, so muß auch die Gegenspannung $\dot{E}_g$ mit der Spannung $\dot{E}_s$ einen Winkel von 180^0 einschließen; die Querspannung hingegen eilt dem Vektor $\dot{E}_s$ um 90^0 nach, entsprechend der räumlichen Nacheilung des Querfeldes gegenüber dem Magnetfeld (s. Fig. 7b, S. 15 Leiter ruhend, Pole nach rechts rotierend angenommen). Es gelten also für die Vektoren $\dot{E}_g$ und $\dot{E}_q$ die Richtungsbeziehungen:

$$\dot{E}_g = j\, k_g \cdot \dot{J}_{1s}; \quad \dot{E}_q = j\, k_q \cdot \dot{J}_{1w},$$

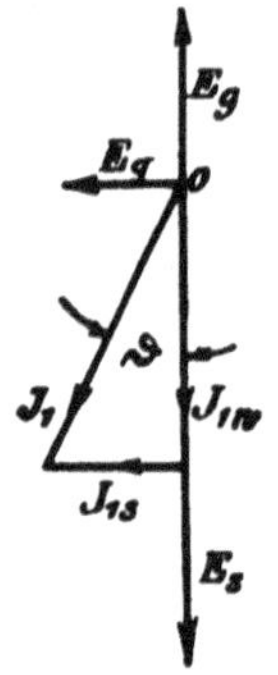

Fig. 8.

wenn J_{1s} die wattlose, J_{1w} die Wattkomponente des Stromes, bezogen auf die Magnetfeld-E. M. K., bezeichnen (s. Fig. 8).

An Stelle der vom Ankerfeld induzierten Spannung $\dot{E}_a$ in Gl. 14) treten jetzt die Spannungen $\dot{E}_g$ und $\dot{E}_q$, deren geometrische Summe die Größe von E_a nicht erreicht, weil ja die Faktoren c_g und namentlich c_q für die üblichen Werte von α (0,7 ∾ 0,8) immer kleiner als 1 werden (s. Tab.).

α	0,60	0,65	0,70	0,75	0,80	0,85	1
c_g	0,903	0,934	0,958	0,975	0,985	0,995	1
c_q	0,297	0,366	0,442	0,525	0,613	0,705	1

Bei Maschinen mit ausgeprägten Polen ergibt sich demnach die Generator-Klemmen-Spannung $\dot{\varDelta}$ aus der Summe der Einzelspannungen in folgender Weise:

$$\dot{E}_s + \dot{E}_g + \dot{E}_q + \dot{E}_\sigma + \dot{E}_r = \dot{\varDelta} \qquad (20)$$

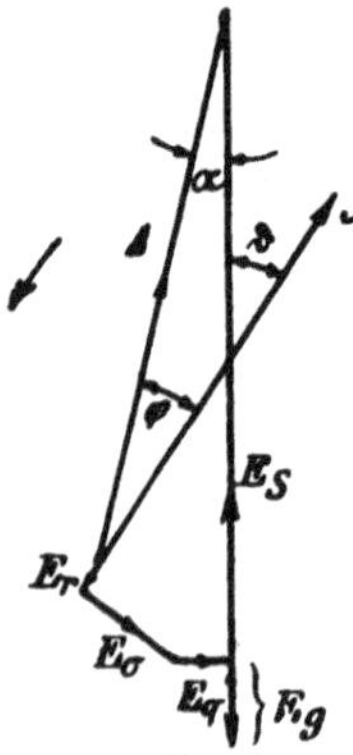

Fig. 9.

Diese Gleichung ist in Fig. 9 unter Annahme eines positiven Winkels ϑ graphisch dargestellt. Sie gilt, abgesehen von der auf Seite 12 gemachten Voraussetzung, streng genommen nur so lange, als eine Überlagerung der Felder möglich ist, d. h. bei schwacher Erregung.

Hat jedoch das Eisen die normale Sättigung, dann empfiehlt es sich, Magnet- und Gegenamperewindungen an Stelle der von ihnen erzeugten Felder zu superponieren. Zwar ergäbe die Überlagerung der Felder bei Kenntnis des resultierenden magnetischen Widerstandes ein genaueres Resultat als die Vereinigung der konzentrierten Magnetamperewindungen mit einem Mittelwert der verteilten Gegenamperewindungen; nachdem aber die Größe des magnetischen Widerstandes von vornherein bloß schätzungsweise angegeben werden kann, ist die zweite Methode, die Superposition der Amperewindungen, die bessere.

Bei Berechnung des Mittelwertes aus den sinusartig verteilten Gegenamperewindungen (aw_g) sollen nur die Ampereleiter berücksichtigt werden, soweit sie das Gegenfeld längs der Strecke $\alpha \cdot t_p$ erzeugen, nämlich:

$$aw_g = \frac{1}{\alpha \cdot \frac{X}{2}} \cdot \int_{-\alpha \cdot \frac{X}{4}}^{\alpha \frac{X}{4}} \frac{X}{2\pi} \cdot \frac{AS_m}{2} \cdot \sin\vartheta \cdot \cos\left(\frac{2\pi}{X}x\right) \cdot dx$$

$$= \frac{X}{2\pi} \cdot \frac{AS_m}{2} \cdot \frac{\sin\left(\frac{\pi \cdot \alpha}{2}\right)}{\frac{\alpha \cdot \pi}{2}} \cdot \sin\vartheta$$

$$= AW_g \cdot \sin\vartheta.$$

(Hierbei wird x von der Mittellinie des Nordpoles aus gezählt s. Fig. 7, S. 15.)

Drückt man jetzt AS_m nach Gl. 7, S. 14 aus, so folgt:

$$AW_g = \frac{\sqrt{2}}{\pi} \cdot w_1 \cdot J_1 \frac{\sin\left(\frac{\pi \cdot \alpha}{2}\right)}{\frac{\alpha \cdot \pi}{2}} \quad . \; . \; . \; . \quad (21)$$

$$w_1 = f_1 \cdot \frac{z\,\mathfrak{w}}{\mathfrak{a}}.$$

Da Erreger- und Gegenfeld bei positivem Winkel ϑ in Opposition stehen (s. Fig. 7b, S. 15), so müssen sich auch die entsprechenden Amperewindungen AW_m und aw_g subtrahieren (AW_m = Magnetamperewindungen pro Pol). Die Differenz $AW_m - aw_g$ ergibt eine resultierende Amperewindungszahl AW_R, die mit

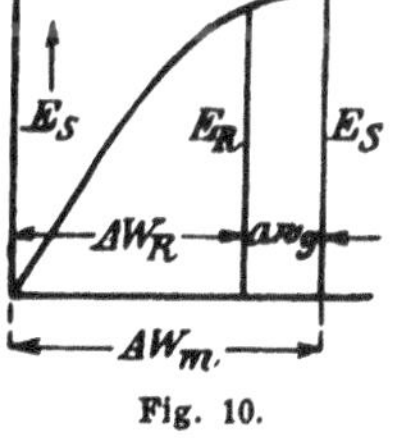

Fig. 10.

Hilfe der Leerlaufcharakteristik die Spannung E_R liefert (s. Fig. 10). Die gerichtete Größe $\dot{E}_R$ ist offenbar gleich der Summe der Vektoren $\dot{E}_s + \dot{E}_g$ und schließt demnach mit dem Strom $\dot{J}_1$ den Winkel ϑ ein. Ersetzt man nun $\dot{E}_s + \dot{E}_g$ durch $\dot{E}_R$, so lautet die modifizierte Spannungsgleichung 20 für den Generator:

$$\dot{E}_R + \dot{E}_q + \dot{E}_\sigma + \dot{E}_r = \dot{\varDelta} \quad . \; . \; . \; . \quad (20\,\mathrm{a})$$

und für den Motor:

$$\dot{E}_R + \dot{E}_q + \dot{E}_\sigma + \dot{E}_r + \dot{\varDelta} = 0 \quad . \; . \; . \quad (20\,\mathrm{b})$$

da Motor- und Generatorspannung bekanntlich entgegengesetzte Richtung aufweisen.

Die Beziehungen 20a) und 20b) sind aber identisch mit den Gleichungen, die für eine Phase der Drehstrommaschine gelten und führen demgemäß zu demselben Diagramm. Fig. 11 zeigt die graphische Konstruktion der Vektorgleichung für den Generator in der Form, wie sie von Prof. Ossanna angegeben und in der Starkstromtechnik (S. 515 bis 517) veröffentlicht wurde. Die Zeichnung des Diagrammes erfolgte unter der Annahme, daß eine positive innere Phasenverschiebung, der Strom $\dot{J}_1$, die Magnetamperewindungen AW_m, sowie die Leerlaufcharakteristik gegeben sei. Mit diesen Daten lassen sich nach Formel 21 und 21a die Gegenamperewindungen aw_g, die resultierenden Amperewindungen $AW_m - aw_g = AW_R$, ferner an Hand der Leerlaufcharakteristik die Spannung E_R ermitteln. Hierauf wird senkrecht zu $\dot{E}_R$ im Punkte O' die aus Gl. 19) bekannte Spannung $\dot{E}_q$ angetragen; daran reihen sich die mit $\dot{J}_1$ in Quadratur bzw. Opposition stehenden Spannungsgrößen $\dot{E}_\sigma$ und $\dot{E}_r$. Die Schlußlinie des so gebildeten Vektorzuges R, O', N, P, Q stellt die Generatorklemmspannung $\dot{\varDelta}$ dar, die mit dem Strom J_1 den positiven Winkel φ einschließt.

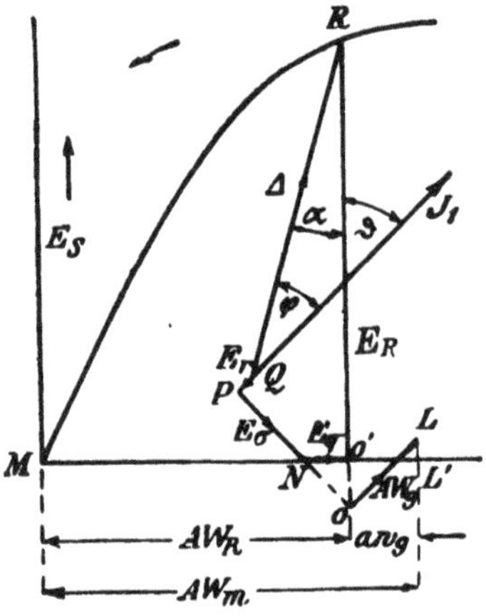

Fig. 11.

Aus der Geometrie des Diagramms ergibt sich, daß die strichlich gezeichnete Strecke NO den Wert $\frac{E_q}{\cos\vartheta}$ besitzt, mithin dem Strome proportional ist (s. Gl. 19). Trägt man ferner phasengleich mit J_1 $OL = AW_g$ auf, dann steht der ganze polygonale Zug $QPNOL$ zum Strom in linearem Verhältnis.

Da nun $O'L'$, die Projektion von OL, auf eine durch den Punkt O' und N gelegte Gerade, offenbar die Gegenamperewindungen $AW_g \sin\vartheta = aw_g$ liefert, so kann mit dem Diagramm auch die Leerlaufcharakteristik in Zusammenhang gebracht werden, wenn die Strecke $L'M$ gleich den Magnetamperewindungen AW_m gewählt wird; denn MO' stellt dann die resultierende Amperewindungszahl AW_R dar, von der die Spannung $E_R = O'R$ abhängt.

III. Rückwirkung des inversen Feldes auf Anker- und Erregerwicklung.

Während bisher nur der Einfluß des synchronen Feldes auf das Verhalten der Maschine berücksichtigt wurde, soll nun das inverse Feld eine eingehendere Untersuchung finden. Um von der Wirkung der Wirbelströme im Eisen, welche die Rechnung erheblich komplizieren würde, absehen zu können, sei angenommen, daß sich das Magnetsystem vollständig aus dünnen Blechen aufbaue, wie dies bei modernen Maschinen meist der Fall ist, und bei Einphasenmaschinen zwecks Vermeidung unzulässiger Wirbelstromverluste auch sein soll.

1. Ankerspannungen bei offenem Erregerkreis.

a) Maschine mit unausgeprägten Polen.

Gl. 9, S. 5 bestimmt das Diagramm der sinusartig verteilten, invers rotierenden M. M. K.e nach Lage und Größe. Konstanten Luftraum vorausgesetzt, entspricht ihm ein inverses Feld gleicher Form und Phase, das die durch Formel 12 S. 13 gegebene Intensität besitzt, wenn keine dämpfenden Amperewindungen vorhanden sind, d. h. bei offenem Erregerkreis. Ein Blick auf Fig. 3a S. 6 zeigt nun — die komponentalen M. M. K. e mögen jetzt die fiktiven

Ankerfelder darstellen — daß im Zeitmoment $t = 0$ das synchrone und inverse Feld gleiche Stärke aber entgegengesetzte Richtung aufweisen. Da sie ferner bei derselben Relativgeschwindigkeit gegenüber dem Stator verschiedenem Drehsinn folgen, so müssen offenbar die im Anker induzierten E. M. K.e in bezug auf Größe und Phase identisch sein und sich summieren. Diese Bedingung spricht graphisch Fig. 12 aus, wobei der Vektor $E_a' = E_a$ die vom inversen Feld erzeugte Spannung bezeichnet (über E_a s. Gl. 13, S. 13).

Fig. 12.

b) Maschine mit ausgeprägten Polen.

α) Inverses Gegen- und Querfeld.

Hat die Maschine ausgeprägte Pole, so gestalten sich die Verhältnisse wesentlich komplizierter. Die Verschiedenheit des magnetischen Widerstandes längs einer Polteilung bedingt eine Zerlegung der inversen M. M. K.e nach zwei Achsen, deren eine die Polmittellinie darstellt (»Erreger-Achse«), während die andere senkrecht dazu steht (»Querachse«).

Die Komponenten können an Hand von Fig. 13 und 14 bestimmt werden, wenn man berücksichtigt, daß das inverse M. M. K.-Diagramm relativ zu den Magneten mit doppelt synchroner Geschwindigkeit rotiert. Fig. 13 zeigt die Lage

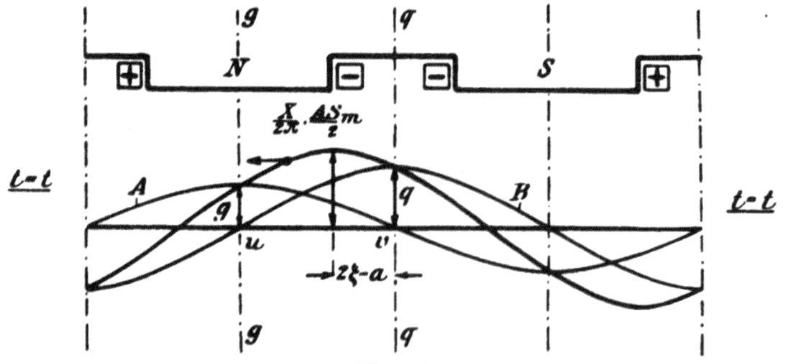

Fig. 13.

desselben in irgendeinem Zeitmoment t, wobei die maximale positive Ordinate $\left(\frac{X}{2\pi} \cdot \frac{AS_m}{2}\right)$ von der Linie $q\,q$ den Abstand

$2\xi - a$ besitzt. Dieser Distanz entspricht auf Grund der Beziehung:

$$\frac{2\pi}{X}(2\xi - a) = 2\frac{2\pi}{T}t - \vartheta$$

in dem Raum-Diagramm Fig. 14 der Drehwinkel $2\frac{2\pi}{T}t - \vartheta$, den der Maximalwert der M. M. K. $\frac{X}{2\pi} \cdot \frac{AS_m}{2} = OA$ mit der Horizontalen qq einschließt. Bezeichnet qq die Querachse, gg die Erregerachse, die nach Fig. 13 mit der Mittellinie des Nordpols sich deckt, so läßt sich der mit doppelt synchroner Winkelgeschwindigkeit nach links rotierende M. M. K.-Vektor OA auf dieses senkrechte Achsensystem projizieren. Die periodisch veränderlichen Projektionen sind positiv, wenn sie vom Punkte O nach rechts oder aufwärts fallen, umgekehrt negativ (Fig. 14). Ihre Werte ergeben sich rechnerisch durch die Ausdrücke:

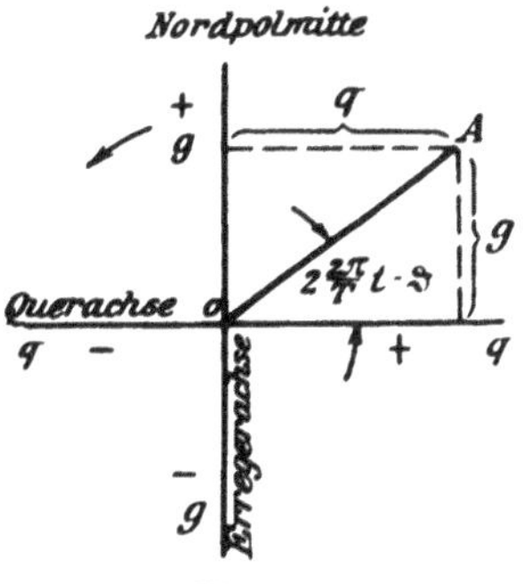

Fig. 14.

$$g = \frac{X}{2\pi} \cdot \frac{AS_m}{2} \cdot \sin\left(2\frac{2\pi}{T}t - \vartheta\right) \quad \text{und}$$

$$q = \frac{X}{2\pi} \cdot \frac{AS_m}{2} \cdot \cos\left(2\frac{2\pi}{T}t - \vartheta\right)$$

g und q repräsentieren dabei die Maximalwerte an den Stellen u und v von sinusartig verteilten, relativ zu den Polen in Ruhe befindlichen M. M. K. en, die zur Zeit t nach den in Fig. 13 gezeichneten Kurven A und B verlaufen. Der A-Linie entspricht ein inverses Gegen-, der B-Linie ein inverses Querfeld. Die Form dieser pulsierenden Felder ist dieselbe wie die der konstanten synchronen; mithin aus Fig. 7b, S. 15 bekannt. Bestimmt man nun wieder jeweils eine erste Harmonische (s. Gl. 14 und 15), so folgt:

$$h_{g_{11}} = H_{g_{11}} \sin\left(2\frac{2\pi}{T}t - \vartheta\right)$$

$$h_{g_{11}} = \frac{X}{2\pi} \cdot \frac{AS_m}{2} \cdot \sin\left(2\frac{2\pi}{T}t - \vartheta\right)\frac{4\pi}{10} \cdot \frac{c_g}{\delta''_g} \quad \ldots (21\,a)$$

$$h_{q_{11}} = H_{q_{11}} \cos\left(2\,\frac{2\,\pi}{T}\,t - \vartheta\right)$$

$$h_{q_{11}} = \frac{X}{2\,\pi} \cdot \frac{A\,S_m}{2} \cdot \cos\left(2\,\frac{2\,\pi}{T}\,t - \vartheta\right) \frac{4\,\pi}{10} \cdot \frac{c_q}{\delta''_q} \quad . \quad . \quad (21\,\mathrm{b})$$

wenn $h_{g_{11}}$ bzw. $h_{q_{11}}$ die maximalen Feldstärken der Grundharmonischen des inversen Gegen- bzw. Querfeldes zur Zeit t bedeuten, während $H_{g_{11}}$ und $H_{q_{11}}$ die Höchstwerte darstellen, die $h_{g_{11}}$ und $h_{q_{11}}$ periodisch annehmen. Die Gl. 21a und 21b führen zu dem Zeitdiagramm (Fig. 15), in dem die Feldstärken $H_{g_{11}}$ und $H_{q_{11}}$ als zwei um 90° verschobene Vektoren erscheinen, die mit 2 ν-Perioden nach links rotieren.

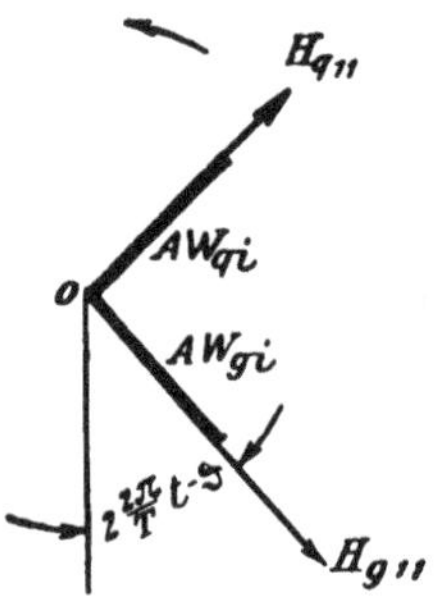

Fig. 15.

Die komponentalen inversen Ankerfelder werden von räumlich um 90° verschobenen zeitlich phasengleichen inversen Gegen- und Queramperewindungen erzeugt. Ihre Maximalwerte sind einander gleich und sollen mit $A\,W_{gi}$ und $A\,W_{qi}$ bezeichnet werden. In dem Zeitdiagramm Fig. 15 kann demnach $A\,W_{gi}$ in Richtung mit $H_{g_{11}}$, $A\,W_{qi}$ in Richtung mit $H_{q_{11}}$ aufgetragen werden.

β) Berechnung der im Anker induzierten E. M. K.e.

Es sollen nun zunächst die vom inversen Gegenfeld im Anker induzierten Spannungen berechnet werden. Fig. 16 zeigt das Gegenfeld mit dem Maximalwert hg_{11} in einem Zeitmoment t zwischen $t = 0$ und $t = \frac{T}{8}$; es wird von inversen Gegenamperewindungen erzeugt, die strichliert eingetragen sind. Die zur Zeit $t = 0$ mit der Magnetwicklung koaxiale Ankerspule I, 1 (vgl. Fig. 3a und Text S. 6) ist im gezeichneten Augenblick um die Strecke ξ aus der koaxialen Lage nach links verschoben, da die Pole ruhend angenommen wurden.

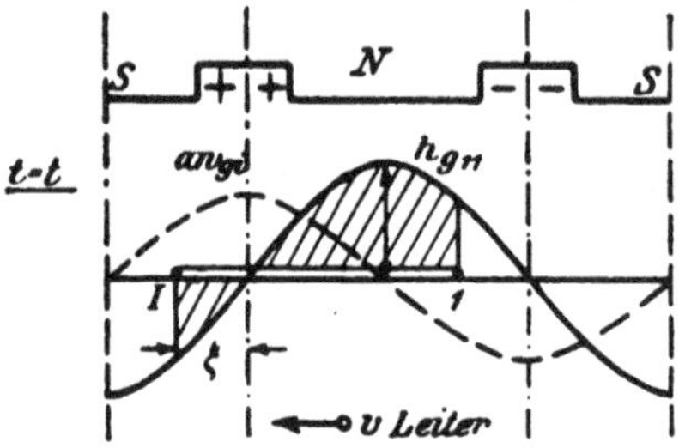

Fig. 16.

Bezeichnet
$$n_{g11} = \frac{2}{\pi}\, t_p \cdot L\, h_{g11}$$
den Momentanwert des inversen Gegenfeldes, so ist das die Spule durchsetzende schraffierte Feld n'_{g11} durch die Beziehungen gegeben:
$$n'_{g11} = n_{g11} \cdot \cos\left(\frac{2\,\pi}{X} \cdot \xi\right),$$
wobei
$$\frac{2\,\pi}{X}\,\xi = \frac{2\,\pi}{T}\, t$$
zu setzen ist. Es läßt sich jetzt die in der Ankerwicklung induzierte Spannung nach dem Grundgesetz ermitteln:
$$e = -\,W\,\frac{d\,(n)}{d\,t} \quad \ldots\ldots \quad (22)$$
bzw. in unserem Falle:
$$e = -\,W\,\frac{d\,(n'_{g_{11}})}{d\,t},$$
wenn unter W die halbe Zahl der in Serie geschalteten, mit dem Wicklungsfaktor multiplizierten Ankerleiter verstanden wird, also
$$W = f_1\,\frac{z_1\,\mathfrak{w}}{\mathfrak{a}} \cdot p$$
p = Polpaarzahl
z_1 = Zahl der pro Pol bewickelten Nuten; $\mathfrak{w}$ und $\mathfrak{a}$ sind unter Kap. I, Abs. 1 definiert

Setzt man nun den Wert von $n'_{g_{11}}$ in Gl. 22 ein, dann findet sich:
$$e = -\,W\,\frac{d}{dt}\left[\frac{2}{\pi}\, t_p \cdot L \cdot H_{g_{11}} \cdot \sin\left(2\,\frac{2\,\pi}{T}\, t - \vartheta\right) \cdot \cos\left(\frac{2\,\pi}{T}\, t\right)\right]$$
$$= -\,W\,\frac{d}{dt}\left[\frac{2}{\pi}\, t_p \cdot L \cdot \frac{H_{g_{11}}}{2}\left\{\sin\left(\frac{2\,\pi}{T}\, t - \vartheta\right) + \sin\left(3\,\frac{2\,\pi}{T}\, t - \vartheta\right)\right\}\right] \quad \ldots\ldots \quad (23\,\mathrm{a})$$
Durch Differentiation folgt:
$$e = e_{g_{11}} + \overset{3}{e}_{g_{11}}$$
$$= -\,W\,\frac{2}{\pi}\, t_p \cdot L \cdot \frac{H_{g_{11}}}{2} \cdot 2\,\pi \cdot \nu \cdot \cos\left(\frac{2\,\pi}{T}\, t - \vartheta\right)$$
$$-\,W\,\frac{2}{\pi}\, t_p \cdot L \cdot \frac{H_{g_{11}}}{2}\, 3 \cdot 2\,\pi \cdot \nu \cdot \cos\left(3\,\frac{2\,\pi}{T}\, t - \vartheta\right)$$
$$= -\,\mathfrak{E}_{g_{11}} \cdot \cos\left(\frac{2\,\pi}{T}\, t - \vartheta\right) - \overset{3}{\mathfrak{E}}_{g_{11}} \cdot \cos\left(3\,\frac{2\,\pi}{T}\, t - \vartheta\right) \quad \ldots \quad (23\,\mathrm{b})$$

wobei $e_{g_{11}}$ und $\overset{3}{e}_{g_{11}}$ die Momentanwerte $\mathfrak{E}_{g_{11}}$ und $\overset{3}{\mathfrak{E}}_{g_{11}}$ die Maximalwerte der ersten und dritten Harmonischen der Spannung bedeuten, die im Anker induziert werden.

Betreff der Indices sei bemerkt, daß sich die unten befindlichen auf Feld und Wicklung, die oben befindlichen aber auf die Periodenzahl der Spannung beziehen. Der obere Index 3 weist demnach auf die dreifach synchrone Periode hin; der der synchronen Periodenzahl entsprechende Index 1 hingegen wurde weggelassen, da eine Irrung nicht möglich ist.

Bezeichnet $E_{g_{11}}$ den Effektivwert der ersten Harmonischen, dann gilt die Gleichung:

$$E_{g_{11}} = \frac{\mathfrak{E}_{g_{11}}}{\sqrt{2}} = \frac{2\,\pi}{\sqrt{2}} \cdot \nu \cdot \frac{H_{g_{11}}}{2} \cdot R \cdot L \cdot 2 f_1 \frac{z_1 \mathfrak{w}}{\mathfrak{a}} \cdot 10^{-8} \text{ Volt.}$$

Hierbei wurde die für $\mathfrak{E}_{g_{11}}$ gewonnene Beziehung durch $\sqrt{2}$ dividiert, sodann für W der oben angegebene Ausdruck, für t_p der Quotient $\frac{R \cdot \pi}{p}$ eingeführt und schließlich das Resultat mit 10^{-8} multipliziert, um die $c\,g\,s$-Einheiten in Volt überzuführen.

Da nun

$$H_{g_{11}} = \frac{X}{2\,\pi} \cdot \frac{AS_m}{2} \frac{4\,\pi}{10} \cdot \frac{c\,g}{\delta''_g} = \frac{4}{10} \cdot \sqrt{2} \cdot J_1 \cdot f_1 \frac{z_1 \mathfrak{w}}{\mathfrak{a}} \cdot \frac{c\,g}{\delta''_g},$$

so folgt durch Substitution und nach Ordnung der Faktoren

$$E_{g_{11}} = \frac{8\,\pi}{10} \cdot \nu \cdot \frac{R\,L}{\delta''_g} \cdot c_g\, w_1^2 \cdot 10^{-8} \cdot J_1 = k_{g_{11}}\, J_1, \quad . \text{(24 a)}$$

wenn

$$w_1 = f_1 \frac{z_1 \mathfrak{w}}{\mathfrak{a}}$$

gesetzt wird.

Analog ergibt sich der Effektivwert der dritten Harmonischen zu:

$$\overset{3}{E}_{g11} = \frac{8\,\pi}{10} \cdot 3 \cdot \nu \cdot \frac{R \cdot L}{\delta''_g}\, c_g\, w_1^2 \cdot 10^{-8}\, J_1 = 3\, k_{g11} \cdot J_1 \text{ (25 a)}$$

Werden jetzt die Gl. 23 a) und 23 b) miteinander verglichen, dann erhält man auch über die Richtung der bislang nur der Größe nach bekannten Spannungen E_{g11} und $\overset{3}{E}_{g11}$ Aufschluß:

Der in eckiger Klammer stehende Ausdruck der Gl. 23 a) stellt zwei gegenüber dem Anker in Ruhe befindliche, in synchronem bzw. dreifach synchronem Rhythmus pulsierende Felder dar, welche auch als zwei Drehfelder mit konstanter gleicher Amplitüde aufgefaßt werden können, die mit n bzw. $3n$ Touren über den Stator hinwegeilen (n = synchrone Tourenzahl).

Gl. 23b) liefert die im Anker induzierten Spannungen und zeigt gleichzeitig, daß dieselben den erzeugenden Feldern um 90° nacheilen.

Da nun die maximale Feldstärke $\frac{H_{g11}}{2}$ der beiden fiktiven Felder offenbar eine Funktion des primären Stromes J_1 ist (s. o.), so ergeben sich für die Spannungen die vektoriellen Beziehungen:

$$\dot{E}_{g11} = j \cdot k_{g11} \cdot \dot{J}_1 \quad . \quad . \quad . \quad . \quad . \quad (24\,b)$$

$$\dot{\overset{3}{E}}_{g11} = j\, 3 \cdot k_{g11}\, J_1 \quad . \quad . \quad . \quad . \quad . \quad (25\,b)$$

Gl. 25 b) erscheint zunächst widersinnig, da sie Spannung und Strom in vektoriellen Zusammenhang bringt, obwohl erstere $3\,\nu$, letzterer ν Perioden besitzt. Sie erhält aber sofort eine physikalische Bedeutung, wenn man sich unter dem Produkt $k_{g11} \cdot J_1$ den ihm proportionalen Maximalwert des mit $3\,\nu$ Perioden in der Ankerwicklung pulsierenden Feldes vorstellt. Übrigens wird diese knappe, auf den ersten Blick nicht verständliche Schreibweise bekanntlich auch in der Theorie des allgemeinen Transformators angewandt (s. St. T).

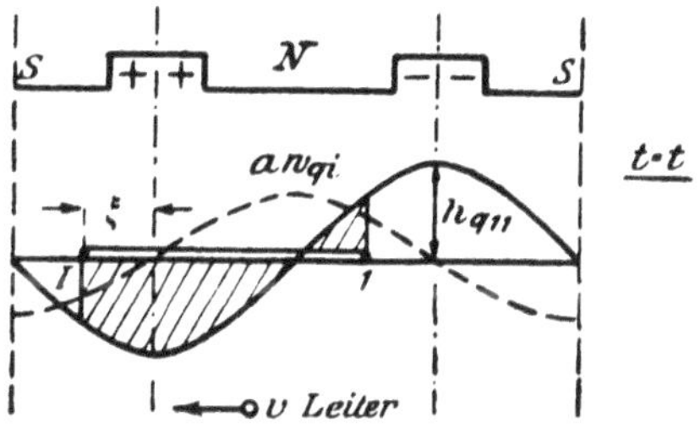

Fig. 17.

Im weiteren möge der induzierende Einfluß des inversen **Querfeldes** auf den Anker untersucht werden. Fig. 17 gibt ein Bild des Feldes in einem Zeitmoment zwischen

$t = 0$ und $t = \frac{T}{8}$. Die das Feld erzeugenden inversen Queramperewindungen aw_{qi} werden durch die strichlierte Kurve dargestellt. Die Ankerspule I, 1 ist wieder wie in Fig. 16 um die Strecke ξ nach links gegenüber ihrer Ausgangslage zur Zeit $t = 0$ verschoben. Wird nun unter

$$n_{q_{11}} = \frac{2}{\pi} t_p \cdot L \cdot h_{q_{11}} = \frac{2}{\pi} t_p \cdot L \cdot H_{q_{11}} \cdot \cos\left(2 \frac{2\pi}{T} t - \vartheta\right)$$

der Momentanwert des inversen Querfeldes verstanden, so gilt für das die Spule I, 1 durchsetzende, schraffierte Feld $n'_{q_{11}}$ die Beziehung:

$$n'_{q_{11}} = - n_{q_{11}} \sin\left(\frac{2\pi}{T} \xi\right) = - n_{q_{11}} \sin\left(\frac{2\pi}{T} t\right).$$

Durch Substitution des für $n'_{q_{11}}$ gewonnenen Ausdruckes in die fundamentale Spannungsgleichung (22) und Vornahme einer goniometrischen Umformung folgt sodann:

$$e = - W \frac{d}{dt}\left[\frac{2}{T} t_p \cdot L \cdot \frac{H_{q_{11}}}{2}\left\{\sin\left(\frac{2\pi}{T} t - \vartheta\right)\right.\right.$$
$$\left.\left. - \sin\left(3 \frac{2\pi}{T} t - \vartheta\right)\right\}\right] \quad . \quad . \quad . \quad . \quad . \quad (26\text{a})$$

Nach Ausführung der Differentiation ergibt sich ferner:

$$e = e_{q_{11}} + \overset{3}{e}_{q_{11}}$$

$$= - \mathfrak{E}_{q_{11}} \cos\left(\frac{2\pi}{T} t - \vartheta\right) + \overset{3}{\mathfrak{E}}_{q_{11}} \cos\left(3 \frac{2\pi}{T} t - \vartheta\right) \quad . \quad . \quad (26\text{b})$$

Hierbei bezeichnen $e_{q_{11}}$ und $\overset{3}{e}_{q_{11}}$ die Momentanwerte, $\mathfrak{E}_{q_{11}}$ und $\overset{3}{\mathfrak{E}}_{q_{11}}$ die Maximalwerte der im Anker auftretenden ersten und dritten Harmonischen der Spannung. Die Effektivwerte $E_{q_{11}}$ und $\overset{3}{E}_{q_{11}}$ können analog den Entwicklungen auf Seite 26 bestimmt werden und haben die Größe:

$$E_{q_{11}} = k_{q_{11}} \cdot J_1 \quad . \quad . \quad . \quad . \quad . \quad . \quad (28\text{a})$$

$$\overset{3}{E}_{q_{11}} = 3\, k_{q_{11}} \cdot J_1 \quad . \quad . \quad . \quad . \quad . \quad (29\text{a})$$

wenn die inverse Querreaktanz $k_{q_{11}}$ den Wert besitzt:

$$k_{q_{11}} = \frac{8\pi}{10} \cdot \nu \cdot \frac{R \cdot L}{\delta''_q} \cdot c_q \cdot w_1^2 \cdot 10^{-8} \text{ Ohm} \quad . \quad (27)$$

Nun lassen die Gl. 26a) und 26b) eine Nacheilung der Spannungen um 90° gegenüber den erzeugenden Feldern erkennen; ferner lehrt ein Vergleich der Beziehungen 23b und 26b), daß die vom Gegen- und Querfeld induzierten ersten Harmonischen gleiches, die dritten Harmonischen dagegen verschiedenes Vorzeichen aufweisen; mithin sind für die Richtung der Spannungsgrößen die Bedingungen maßgebend:

$$\dot{E}_{q_{11}} = j\, k_{q_{11}} \cdot \dot{J}_1 \quad \ldots\ldots \quad (28\,b)$$

$$\dot{E}^{3}_{q_{11}} = -j\, 3\, k_{q_{11}} \cdot \dot{J}_1 \quad \ldots\ldots \quad (29\,b)$$

Faßt man jetzt die Summe der vom inversen Feld bei offener Magnetwicklung induzierten Spannungen zusammen, so findet sich:

$$\dot{E}_{g_{11}} + \dot{E}_{q_{11}} = j\,(k_{g_{11}} + k_{q_{11}})\, \dot{J}_1 \quad \ldots\ldots \quad (30)$$

ferner:

$$\dot{E}^{3}_{g_{11}} + \dot{E}^{3}_{q_{11}} = j\, 3 (k_{g_{11}} - k_{q_{11}}) \cdot \dot{J}_1 \quad \ldots \quad (31)$$

Das Verhältnis der dritten Harmonischen zur ersten ist also gegeben durch:

$$\frac{3.\,H.}{1.\,H.} = \frac{3 (k_{g_{11}} - k_{q_{11}})}{k_{g_{11}} + k_{q_{11}}} = \frac{3 (c_g - c_q)}{c_q + c_q}$$

wenn man für $k_{g_{11}}$ und $k_{q_{11}}$ die aus Gl. 24) und 27) bekannten Werte einsetzt und die reduzierten Lufträume δ''_g und δ''_q als gleichgroß annimmt, was allgemein nur im ungesättigten Zustand der Maschine zutrifft. c_g und c_q sind hierbei Funktionen des Polbedeckungsfaktors α. Für den speziellen Fall eines konstanten Luftraumes wird[1] $c_g = c_q = 1$ und der obige Quotient gleich Null, indem die dritte Harmonische verschwindet, während die erste den schon früher berechneten Wert erhält (s. unter III 1, a).

$$\dot{E}_a = j\, k_a\, \dot{J}_1 = j\, 2\, k_{g_{11}} \cdot \dot{J}_1.$$

Allgemein gilt je kleiner der Polbedeckungsfaktor α gewählt wird, um so mehr wächst die dritte Harmonische gegenüber der ersten, da c_q rascher als c_g abnimmt (s. Tab. S. 18); z. B. für $\alpha = 0{,}75$ folgt $c_g = 0{,}975$; $c_q = 0{,}525$ und das Verhältnis $\frac{3.\,H.}{1.\,H.} = 0{,}9$.

[1]) In den Formeln 15a und 15b ist $\alpha = 1$ einzusetzen, da sich Gegen- und Querfeld längs der ganzen Strecke t_p sinusförmig ausbilden können.

2. Wechselwirkung der stromführenden Ankerwicklung mit der offenen Erregerwicklung.

Nach K. III, Abs. 1b ergab sich die Größe des mit 2ν Perioden pulsierenden, den Luftraum durchsetzenden, inversen Gegenfeldes zu:

$$^{1)}\quad n_{g_{11}} = \frac{2}{\pi} t_p \cdot L \cdot H_{g_{11}} \cdot \sin\left(2\frac{2\pi}{T}t - \vartheta\right) = n_{12}.$$

Da dieses fiktive Feld von den Erregerspulen umschlossen wird und während der Drehung der Leiter relativ zu den Polen in Ruhe bleibt, so erzeugt es in der offenen Magnetwicklung eine Spannung e_{12}, die sich in bekannter Weise nach dem Induktionsgesetz (Gl. 22) ermitteln läßt, nämlich

$$e_{12} = -\sqrt{2} \cdot E_{12} \cdot \cos\left(2\frac{2\pi}{T}t - \vartheta\right)$$

Für den Effektivwert E_{12} findet sich hierbei der rechnerische Ausdruck:

$$E_{12} = k_{12} \cdot J_1,$$

wenn die Wechselreaktanz

$$k_{12} = \frac{16\pi}{10} \cdot 2\nu \cdot \frac{R \cdot L}{\delta''_g} c_g \cdot w_1 \cdot w_2 \cdot 10^{-8}\,\Omega \quad . \quad . \quad (32)$$

gesetzt wird und $w_2 = 2w_m$ die vom induzierenden Kraftfluß eingeschlossene Leiterzahl des Magnetrades pro Pol bezeichnet, welche der doppelten Windungszahl einer Feldspule entspricht.

Wäre der Luftraum konstant und die Erregerwicklung als verteilte Gleichstromwicklung ausgeführt, so gilt für k_{12} dieselbe Beziehung, nur wird $c_g = 1$ und w_2 erhält den Wert:

$$w_2 = f_2 \frac{s \cdot b}{4\,a \cdot p} = \text{in Serie geschaltete Leiterzahl pro Pol mal Wicklungsfaktor,}$$

wo s die Zahl der Wicklungselemente,
b die Zahl der Leiter pro Wicklungselement,
a die halbe Zahl der parallelen Stromkreise

---

[1]) Man könnte hier leicht neben der ersten auch die Summe aller höheren Harmonischen des inversen Gegenfeldes berücksichtigen. Hierbei ergäbe sich unter Annahme eines mittleren Polbedeckungsfaktors von $\alpha = 0{,}75$ ein Wert, der etwa um 5% kleiner ist wie der oben berechnete.

bedeuten. Der Faktor f_2 hat bei einer derartigen Gleichstromwicklung die bekannte Größe:

$$f_2 = \frac{\sin\left(\frac{\pi}{2}\gamma\right)}{\frac{\pi}{2}\cdot\gamma} \qquad \text{(s. St. T., S. 510)}$$

$$= \frac{2}{\pi} \quad . \; . \; . \; . \; . \; . \; . \; . \; . \; . \quad (34)$$

da γ, das Verhältnis der Spulenbreite zur Polteilung, offenbar gleich 1 ist.

Wie nun aus der rechnerischen Entwicklung zu ersehen, sind die Spannung E_{11} und das dem Produkt $k_{11} \cdot J_1$ proportionale Feld ($B_{g_{11}}$) zeitlich um 90^0 verschoben, weshalb sich wiederum wie früher die gegenseitige Richtung durch die Bedingung festlegen läßt (vgl. Text S. 27):

$$\dot{E}_{11} = j\, k_{11}\, \dot{J}_1 \quad . \; . \; . \; . \; . \; . \; . \quad (35).$$

Schon bei kleinen Werten des Primärstromes J_1 erlangt die Spannung E_{11} beträchtliche Größe; sie repräsentiert daher im Parallelbetrieb eine stete Gefahr für den Isolationszustand der Magnetspulen, so daß eine zufällige, momentane Unterbrechung des Erregerkreises irgendeiner der parallel geschalteten Maschinen einen Durchschlag der betreffenden Feldwicklung zur Folge hat, wenn nicht besondere Sicherheitsvorkehrungen getroffen werden (Dämpferwicklung). Ein Beispiel mag darüber näheren Aufschluß geben.

Die für die Berechnung der Wechselreaktanz k_{11} in Frage kommenden Daten der Versuchsmaschine, einer Type mit ausgeprägten Polen, sind folgende:

$R = 11{,}75$ cm; L mittlerer Wert aus Stator- und Rotorbreite $= 21{,}5$ cm; z_{10} Nutenzahl pro Pol $= 6$; $z_1 = 4$; $\mathfrak{w} = 8$; $w_m = 410$,

mithin $w_1 = f_1 \dfrac{z_1\, \mathfrak{w}}{\mathfrak{a}} = 26{,}8$; $w_2 = 2\, w_m = 820$.

Um den Polbedeckungsfaktor α zu erhalten, wurde bei einer mittleren Erregung (Erregerstr. $i_{\overline{m}} = 1{,}75$ Amp.) das Leerlauffeld der Maschine oscillographisch aufgenommen. Durch Planimetrieren der Feldkurve ergab sich für α die Zahl 0,75.

Hiermit konnte nach Formel 14 auch der Wert von $c_g = 0{,}975$ ermittelt werden.

Die noch fehlende Größe von δ''_g läßt sich mit Hilfe eines Punktes der statischen Charakteristik bestimmen. Im ungesättigten Zustand der Pole bei $\nu = 40$ Perioden und $i_{\overline{m}} = 1$ Amp. wurde durch Messung eine Leerlaufspannung $E_s = 43{,}5$ Volt gefunden. Da aber bekanntlich

$$E_s = \frac{2\,\pi}{\sqrt{2}} \cdot 2\,w_1 \cdot \nu \cdot R \cdot L \cdot H_1 \cdot 10^{-8}\,\text{Volt (vgl. Gl. 11)},$$

so folgt zunächst $H_1 = 1815$ $c\,g\,s$-Einheiten.

Unter $H_1 = c_1 \cdot H$ versteht man hierbei die maximale Ordinate der ersten Harmonischen des Erregerfeldes, dessen größte unter dem Pol konstante Feldstärke H darstellt. Der Proportionalitätsfaktor c_1 ergibt sich als Funktion von α, wenn das wirkliche Feld in ein äquivalentes rechteckiges mit den Seiten H und $\alpha \cdot t_p$ verwandelt und daraus die Grundharmonische bestimmt wird (s. St. T., S. 510), nämlich:

$$c_1 = \frac{4}{\pi} \sin\left(\frac{\pi}{2} \cdot \alpha\right) = 1{,}177 \text{ für } \alpha = 0{,}75$$

Nun gilt:

$$H_1 = c_1 \frac{4\,\pi}{10} \cdot i_{\overline{m}} \cdot w_m \cdot \frac{1}{\delta''_g},$$

woraus sich dann δ''_g zu 0,335 cm findet (gemessener Luftraum $\delta = 0{,}30$ cm).

Nach Einsetzen der numerischen Werte für die einzelnen Faktoren erhält schließlich die Wechselreaktanz k_{12} die Größe von 65 Ohm.

Angenommen, es träte bei zufälliger Öffnung des Erregerkreises im Parallelbetrieb ein momentaner Statorstrom von $J_1 = 30$ Amp. auf (Normalstrom = 24 Amp.), so nähme demnach die Spannung E_{12} die enorme Höhe von $30 \times 65 = 2000$ Volt an, während die Erregerspannung der Maschine nur 110 Volt beträgt. Es würde also unbedingt ein Durchschlag der Magnetwicklung erfolgen.

Tatsächlich ist die Reaktanz k_{12} kleiner als die berechnete (s. unter B, K. II, Abs. I), da die dem Quadrat der doppelt synchronen Periodenzahl proportionalen Wirbelströme immer eine gewisse Dämpfung des Gegenfeldes bewirken, insbesondere wenn im magnetischen Schließungskreise massive Eisenteile vorhanden sind.

3. Elektrische Vorgänge in der geschlossenen Erregerwicklung.

a) Berechnung der Eigenreaktanz der Magnetwicklung.

Normalerweise findet die in der Magnetwicklung induzierte Spannung einen Ausgleichsweg über die Speisequelle und erzeugt einen Strom J_2, dessen Momentanwert dem analytischen Gesetze folgt:

$$i_2 = \sqrt{2} \cdot I_2 \sin\left(2 \frac{2\pi}{T} t - \varepsilon\right) \quad . \quad . \quad . \quad . \quad (37)$$

Der Winkel ε wurde deshalb in die Gleichung eingeführt, weil im allgemeinen zur Zeit $t = o$ i_2 von Null verschieden ist.

Nun ruft der Augenblickswert i_2 ein variables, den Luftspalt durchdringendes Feld hervor, das bei ungesättigtem Eisen offenbar dieselbe Form besitzt wie das Erregerfeld. Berücksichtigt man entsprechend den Ausführungen auf Seite 32 lediglich die erste[1]) Harmonische, so hat dieses Feld die Größe:

$$n_{22} = \frac{2}{\pi} t p \cdot L \cdot c_1 h'_{22} \quad . \quad . \quad . \quad . \quad . \quad (38)$$

wobei c_1 aus Gl. 35 bekannt ist und h'_{22} sich als Funktion der Amperewindungen ergibt, nämlich:

$$h'_{22} = \frac{4\pi}{10} \cdot w_m \cdot i_2 \frac{1}{\delta''_g} = \frac{h_{22}}{c_1} \quad . \quad . \quad . \quad . \quad (39)$$

Der Kraftfluß n_{22} bedingt in der Magnetwicklung eine E. M. K. der Selbstinduktion E_{22}; ihre Größenberechnung kann analog derjenigen von E_{12} erfolgen und führt zu dem Ergebnis:

$$E_{22} = \frac{32\pi}{10} \cdot 2\nu \frac{RL}{\delta''_g} \left(\frac{c_1 \pi}{4}\right) w_2^2 \, 10^{-8} J_2 = k_{22} \cdot J_2 \text{ Volt} \quad . \quad (40\text{ a})$$

---

[1]) Die Ermittlung der Eigenreaktanz der Magnetwicklung ließe sich auch mit Berücksichtigung sämtlicher Harmonischen des Feldes in einfacher Weise durchführen. Jedoch sind die Abweichungen zwischen der genauen und der oben gewählten Rechenmethode unwesentlich.

während ihre Richtung gegenüber dem Feld bzw. dem Strom sich durch die Vektorbeziehung zum Ausdruck bringen läßt:

$$\dot{E}_{22} = j \cdot k_{22} \cdot \dot{J}_2 \quad . \quad . \quad . \quad . \quad . \quad (40\,\text{b})$$

Bei konstantem Luftraum und Anwendung einer verteilten Erregerwicklung nimmt der eingeklammerte Quotient in Gl. 40a) $\frac{c_1\,\pi}{4}$ den Wert 1 an, da der Faktor $\alpha = 1$ gesetzt werden kann[1]); ferner erhält w_2 die durch Formel 33) definierte Größe; mithin wird:

$$k_{22} = \frac{32\,\pi}{10} \cdot 2\,\nu \cdot \frac{R \cdot L}{\delta_g{}''}\left(f_2\,\frac{s \cdot b}{4\,a\,p}\right)^2 \cdot 10^{-8}\,\text{Ohm} \quad . \quad (40\,\text{c})$$

b) Spannungsgleichung.

Außer den Wechselspannungen E_{12} und E_{22} treten in dem durch Magnetwicklung und Erregerstromquelle gebildeten Sekundärkreis noch zwei weitere Spannungen auf:

$$\text{die Streuspannung } \dot{E}_{2\sigma} = j\,k_{2\sigma}\,\dot{J}_2$$

sowie der ohmsche Spannungsabfall $\dot{E}_r = -\,J_2\,r_2$.

Da nun die periodisch veränderlichen E. M. K.e von der stets gleichgerichteten Erregerspannung E_m in keiner Weise beeinflußt werden, so muß ihre geometrische Summierung das Resultat 0 ergeben. Diese Bedingung spricht die Vektorgleichung aus:

$$\dot{E}_{12} + \dot{E}_{22} + \dot{E}_{2\sigma} + \dot{E}_r = 0$$

oder $\quad j \cdot k_{12} \cdot \dot{J}_1 + j \cdot k_2 \cdot \dot{J}_2 - J_2\,r_2 = 0 \quad . \quad . \quad . \quad (41)$

wenn $\qquad\qquad k_2 = k_{22} + k_{2\sigma} \qquad\qquad$ gesetzt wird.

Die Konstanten k_2 und r_2 bedürfen noch einer Erläuterung: $k_{2\sigma}$ bedeutet die Summe der Streureaktanzen der Magnetwicklung $k_{2\sigma,m}$ und des äußeren Schließungskreises $k_{2\sigma,a}$ also

$$k_{2\sigma} = k_{2\sigma,m} + k_{2\sigma,a} = (\sigma_{2m} + \sigma_{2a})\,k_{22} = \sigma_2 \cdot k_{22}$$

wobei σ_{2m}, σ_{2a} und σ_2 die den Reaktanzen entsprechenden Streuungskoeffizienten darstellen.

Analog läßt sich der Widerstand r_2 in zwei Teile zerlegen:

$$r_2 = r_{2m} + r_{2a}.$$

---

[1]) α bezieht sich hier auf das von einer Einlochwicklung erzeugte rechteckige Feld, das die Basisbreite t_p besitzt, also $\alpha = 1$.

Die Impedanz des äußeren Schließungskreises wird demnach durch den Ausdruck $\sqrt{r_{s\,a}^2 + k_{s\,a}^2}$ bestimmt und liefert mit dem Sekundärstrom J_2 multipliziert eine Spannung Δ_2, die sich über die Erreger-Spannung E_m lagert. Folglich erscheint an den Klemmen der Magnetwicklung eine meßbare wellenförmige E. M. K. von der effektiven Größe:

$$E_k = \sqrt{\Delta_2^2 + E_m^2}.$$

Diese hat einen entsprechenden Strom zur Folge, nämlich den Wellenstrom

$$J_w = \sqrt{J_s^2 + i_m^2}.$$

c) Größe des Sekundärstromes.

Gl. 41) verdient besondere Beachtung, da sie den Sekundärstrom als Funktion des bekannten Primärstromes auszudrücken gestattet, nämlich:

$$\dot{J}_2 = -\frac{-j \cdot k_{12} \cdot \dot{J}_1}{r_2 - j \cdot k_2}.$$

Wird jetzt der Nenner des komplexen Quotienten auf reelle Form gebracht und der Faktor k_2 ausgeschieden, so lautet die Beziehung:

$$\dot{J}_2 = -\frac{k_{12}}{k_2} \cdot \frac{1 - j \cdot \frac{r_2}{k_2}}{1 + \left(\frac{r_2}{k_2}\right)^2} \cdot \dot{J}_1 \quad . \quad . \quad . \quad . \quad (42)$$

weiter folgt unter Vernachlässigung von $\left(\frac{r_2}{k_2}\right)^2$ gegenüber 1:

$$\dot{J}_2 = -\frac{k_{12}}{k_2} \cdot \left(1 - j \cdot \frac{r_2}{k_2}\right) \cdot \dot{J}_1 \quad . \quad . \quad . \quad (42a).$$

Das Verhältnis $\frac{r_2}{k_2}$ hat ungefähr die Größe $\frac{1}{100}$ z. B. ergab sich bei der Versuchsmaschine ohne Rücksicht auf den äußeren Schließungskreis ($r_{s\,a} = 0$; $k_{s\,a} = 0$)

$$\frac{r_2}{k_2} = \frac{20{,}4}{3220} = 0{,}00632 \text{ (s. unter B, K. II, 1).}$$

Darum kann mit großer Annäherung das imaginäre Glied außer acht gelassen und geschrieben werden:

$$\dot{J}_2 = -\frac{k_{12}}{k_{22}(1 + \sigma_2)} \cdot \dot{J}_1 \quad . \quad . \quad . \quad . \quad (42\text{b})$$

Nach Einsetzen der Werte der Reaktanzen bekommt schließlich die Gleichung ihre einfachste Form und zwar:

a) bei Maschinen mit ausgeprägten Polen (s. Gl. 32 u. 40 a):

$$\dot{J}_2 = - \frac{1}{1+\sigma_2} \cdot \frac{w_1}{2 \cdot w_2} \cdot \frac{c_g}{c_1 \frac{\pi}{4}} \cdot \dot{J}_1 \quad . \; . \; . \quad (42\,\text{c})$$

b) bei Maschinen mit konstantem Luftraum und Gleichstromerregerwicklung (s. Gl. 32 Zusatz u. Gl. 40 c):

$$J_2 = - \frac{1}{1+\sigma_2} \cdot \frac{w_1}{2 \cdot w_2} \cdot J_1 \quad . \; . \; . \; . \quad (42\,\text{d})$$

Für die Versuchsmaschine gilt Fall a; mit Benutzung der auf S. 31 u. 32 angegebenen Daten erhält demnach der Sekundärstrom die Größe:

$$J_2 = \frac{1}{1{,}17} \cdot \frac{26{,}8}{2{,}820} \cdot \frac{0{,}975}{1{,}177 \cdot \frac{\pi}{4}} = 1{,}474 \cdot 10^{-2} \cdot J_1.$$

wenn σ_2[1]) lediglich die Streuung der Magnetwicklung berücksichtigt ($\sigma_{2a} = 0$, Batterieerregung) und mit 17% in Ansatz gebracht wird. Das so gewonnene rechnerische Resultat findet auch durch die experimentelle Prüfung eine gute Bestätigung (s. unter B. K. II, 2).

4. Rückwirkung der stromführenden Erregerwicklung auf den Ankerkreis.

Denkt man sich, in der Magnetwicklung fließe ein pulsierender Strom i_2, der nach dem in Gl. 37) aufgestellten Gesetze variiert, so erzeugt derselbe ein mit dem Ankerkreis in Wechselwirkung tretendes Feld von der bekannten Größe (Gl. 38):

$$n_{22} = n_{21} = \frac{2}{\pi} \cdot tp \cdot L \cdot c_1 \cdot h'_{22} =$$

$$= \frac{2}{\pi} \cdot tp \cdot L \cdot c_1 \cdot H'_{22} \sin\left(2 \frac{2\,\pi}{T} t - \varepsilon\right)$$

---

[1]) Der Streuungskoeffizient σ_2 wurde nach der aus der Starkstromtechnik S. 562 entnommenen Formel $\sigma_2 = \delta'' \left(c_1 \cdot \frac{p}{R} + \frac{c_2}{L}\right)$ berechnet.

Die Konstanten c_1 und c_2 sind in der Quelle näher definiert und ergeben sich für die Versuchsmaschine zu: $c_1 = 1{,}7$ und $c_2 = 1{,}2$; ferner $p = 3$, über R, L, δ'' s. S. 31 u. 32.

wenn H'_{22} die maximale periodisch wiederkehrende Feldstärke bedeutet. Bei synchroner Tourenzahl des Rotors wird nun dieses fluktuierende Feld in der Ankerwicklung zwei Spannungen induzieren, die sich an Hand der Fig. 16 genau so ermitteln lassen wie die bereits berechneten E. M. K.e $E_{g_{11}}$ und $\overset{3}{E}_{g_{11}}$ (s. unter K. III 1, b, β). Es soll daher unter Hervorhebung nur eines wichtigen Zwischengliedes der Entwicklung:

$$e = -w_1 \cdot p \cdot \frac{d}{dt}\left[\frac{2}{\pi} \cdot tp \cdot L \cdot c_1 \cdot \frac{H'_{22}}{2}\left\{\sin\left(\frac{2\pi}{T} - \varepsilon\right) + \sin\left(3\,\frac{2\pi}{T}\,t - \varepsilon\right)\right\}\right]$$

gleich das Resultat angegeben werden:

$$e_{21} = -\sqrt{2}\,E_{21} \cdot \cos\left(\frac{2\pi}{T}\,t - \varepsilon\right)$$

und

$$\overset{3}{e}_{21} = -\sqrt{2}\,\overset{3}{E}_{21} \cdot \cos\left(3\,\frac{2\pi}{T}\,t - \varepsilon\right),$$

wobei E_{21} und $\overset{3}{E}_{21}$ die Effektivwerte der auftretenden ersten und dritten Harmonischen der Spannung bezeichnen und als Funktionen von J_2 erscheinen, nämlich:

$$E_{21} = k_{21} \cdot J_2$$

$$E_{21} = \frac{16\pi}{10} \cdot \nu \cdot \frac{R \cdot L}{\delta''_g}\left(c_1\,\frac{\pi}{4}\right) \cdot w_1 \cdot w_2 \cdot 10^{-8} J_2 \quad . \quad (43\text{a})$$

und

$$\overset{3}{E}_{21} = 3\,k_{21} \cdot J_2 \quad . \; . \; . \; . \; . \; . \quad (44\text{a})$$

Da ferner die E. M. K.e den ursächlichen Feldern offensichtlich um 90° nacheilen, so kann mit analoger Begründung, wie sie auf S. 37 gegeben wurde, die Richtung der Spannungsgrößen durch die vektoriellen Beziehungen definiert werden:

$$\dot{E}_{21} = j \cdot k_{21} \cdot \dot{J}_2 \quad . \; . \; . \; . \; . \; . \; . \quad (43\text{b})$$

$$\dot{\overset{3}{E}}_{21} = j \cdot 3\,k_{21} \cdot \dot{J}_2 \quad . \; . \; . \; . \; . \; . \quad (44\text{b})$$

Nun ist es aber möglich, den sekundären Strom durch den primären auszudrücken (Gl. 42 a); mithin erlangt die Gl. 43 b) die Form:

$$\dot{E}_{21} = -\dot{J}_1 \left[j\, k_2 \frac{k_{12} \cdot k_{21}}{k^2_{22}(1+\sigma_2)^2} + r_2 \frac{k_{12} \cdot k_{21}}{k^2_{22}(1+\sigma_2)^2} \right]$$

oder wenn die auf die primäre Wicklung reduzierten sekundären Konstanten r'_2 und k'_2 eingeführt werden, wo

$$k'_2 = k_2 \frac{k_{12} \cdot k_{21}}{k^2_{22}} \quad (45) \qquad r'_2 = r_2 \frac{k_{12} \cdot k_{21}}{k^2_{22}} \quad (46)$$

gesetzt wird, so gilt:

$$\dot{E}_{21} = -\dot{J}_1 \left[j \cdot \frac{k'_2}{(1+\sigma_2)^2} + \frac{r'_2}{(1+\sigma_2)^2} \right].$$

Hierbei hat der erste in Klammern stehende Summand, wie man sich leicht durch Einsetzen der Werte der Reaktanzen (Gl. 32, 40 a, 43 a, 24 a) überzeugen kann, die Bedeutung:

$$\frac{k'_2}{(1+\sigma_2)^2} = \frac{k_{g_{11}}}{1+\sigma_2}.$$

Demgemäß ergibt sich für E_{21} der übersichtliche Ausdruck:

$$\dot{E}_{21} = -\dot{J}_1 \left[j \cdot \frac{k_{g_{11}}}{1+\sigma_2} + \frac{r'_2}{(1+\sigma_2)^2} \right] = -\dot{J}_1\, a \; . \; . \; (43\,c)$$

der erkennen läßt, daß sich die Spannungen E_{21} und $E_{g_{11}}$ der Größe nach nur unwesentlich unterscheiden und dabei nahezu in Opposition stehen. Analog folgt ferner:

$$\dot{\overset{3}{E}}_{21} = -3\, \dot{J}_1 \cdot a.$$

5. Ankerspannungen bei geschlossenem Erregerkreis.

Anker- und Erregerwicklung führen Strom.

Zu den bei offenem Erregerkreis vom inversen Feld in der Ankerwicklung induzierten Spannungen $E_{g_{11}}$, $E_{q_{11}}$ bzw. $\overset{3}{E}_{g_{11}}$ $\overset{3}{E}_{q_{11}}$ (s. K. III, Abs. 1) treten im normalen Betrieb infolge der Rückwirkung des Sekundärstromes J_2 auf die Ankerarmatur noch zwei weitere hinzu, E_{21} und $\overset{3}{E}_{21}$, so daß jetzt nach Vornahme einer rechnerischen Vereinfachung die komplexe Formulierung für die Summe der ersten Harmonischen lautet:

$$\dot{E}_i = \dot{E}_{q_{11}} + \dot{E}_{g_{11}} + \dot{E}_{21}$$

$$\dot{E}_i = j \cdot \dot{J}_1 \left(k_{q_{11}} + k_{g_{11}} \cdot \frac{\sigma_2}{1+\sigma_2}\right) - \dot{J}_1 \frac{r'_2}{(1+\sigma_2)^2} \quad . \; . \quad (47)$$

und für die Summe der dritten Harmonischen:

$$\dot{E}_i^3 = \dot{E}_{q_{11}}^3 + \dot{E}_{g_{11}}^3 + \dot{E}_{21}^3$$

$$\dot{E}_i^3 = -j \cdot \dot{J}_1 \cdot 3 \left(k_{q_{11}} - k_{g_{11}} \frac{\sigma_2}{1+\sigma_2}\right) - \dot{J}_1 \cdot 3 \frac{r'_2}{(1+\sigma_2)^2} \quad . \; . \quad (48)$$

a) Diskussion: Obige Gleichungen gehen in die Beziehungen 30 und 31 über, wenn $\sigma_2 = \infty$ eingesetzt wird, da ja diese mathematische Operation physikalisch nichts anderes bedeutet als die Entfernung der geschlossenen Erregerwicklung aus dem Induktionsbereich der Ankerwicklung.

Wählt man das andere Extrem $\sigma_2 = 0$ und setzt dabei auch $r_2 = 0$, so resultieren lediglich die vom inversen Querfeld induzierten Spannungen $\dot{E}_{q_{11}}$ und $\dot{E}_{q_{11}}^3$, in dem das inverse Gegenfeld durch die sekundäre Reaktion vollständig abgedämpft wird. Diesem letzteren Grenzfall nähern sich die tatsächlichen Erscheinungen, da praktisch $\sigma_2 = 0{,}15 - 0{,}30$ und r_2 im allgemeinen klein ist, so daß $r'_2 \doteq 0$. Es äußert sich also der Einfluß des in der Magnetwicklung pulsierenden Stromes gegenüber den Verhältnissen bei offenem Sekundärkreis in einer Reduktion der ersten Harmonischen und in einer Umkehr nebst Größenänderung der dritten Harmonischen der Spannung.

Natürlich gelten die Beziehungen 47) und 48) in gleicher Weise für die schon wiederholt getroffene Spezialisierung: Konstanter Luftraum, verteilte Gleichstrom-Erregerwicklung. Hierbei nimmt bekanntlich der Faktor α den Wert 1 an, weshalb sich $k_{q_{11}}$ mit $k_{g_{11}}$ identifiziert; $k_{g_{11}}$ läßt sich aber aus Formel 24a) berechnen, indem $c_g = 1$ gesetzt wird.

Demnach zeigt sich auch bei gleichmäßigem Luftspalt die dritte Harmonische in der Spannungskurve des Stators, ja sie wird sogar relativ größer als bei Maschinen mit ausgeprägten Polen $\left(\frac{z_1}{z_{10}} = {}^2/_3 \text{ vorausgesetzt}\right)$, da sich das ungedämpfte inverse Querfeld vollkommen ausbilden kann.

b) Einschränkung der Gültigkeit der Resultate.

In Kap. III wurde bislang von der stillschweigenden Voraussetzung ausgegangen, daß die im Anker induzierte dritte Harmonische das Rechnungsverfahren in keiner Weise beeinflusse. Tatsächlich trifft dies nicht im vollen Umfange zu; denn die E. M. K. mit dreifach synchroner Periodenzahl kann durch Ausgleich über den Belastungskreis einen Strom erzeugen, dessen Feld in der Magnetwicklung eine zweite und vierte Harmonische der Spannung hervorruft. Der vierten Spannungsharmonischen in den Feldspulen entspricht aber ein im selben Rhythmus pulsierender Strom, der seinerseits außer einer dritten auch eine fünfte Oberwelle von Ankerspannung und Ankerstrom bedingt.

Der in solcher Weise sich abspielende Wechselinduktionsvorgang zwischen Ständer- und Läuferwicklung wiederholt sich nun noch mehrmals mit stets steigender Periodenzahl, wobei im Erregerkreis nur E. M. K.e und Ströme gerader, im Ankerkreis nur solche ungerader Periode auftreten, bis schließlich die induzierende Wirkung abklingt.

Die in Gl. 47) und 48) aufgestellten Beziehungen haben also approximativen Charakter, indem sie gewissermaßen nur das erste Glied einer Reihe berücksichtigen, die allerdings sehr rasch konvergiert. Denn schon die dritte Harmonische des Stromes, die den Primärkreis durchfließen muß, erfährt durch die Summe von innerer (Maschinen-) und äußerer Reaktanz bei der hohen Periodenzahl meist eine so wesentliche Dämpfung, daß sie gegenüber der ersten Harmonischen in der Regel vernachlässigt werden kann. Noch viel mehr gilt dies selbstverständlich für die höheren Harmonischen.

c) Einfluß der Resultate auf das Spannungsdiagramm der Einphasenmaschine.

Nach Gl. 47) hat das inverse Ankerfeld eine erste Harmonische (E_i) zur Folge, die mit dem früher ohne Rücksicht auf den inversen Kraftfluß abgeleiteten Spannungsdiagramm (s. Fig. 11) in Zusammenhang gebracht werden kann.

Die E. M. K. E_i zerfällt in zwei Komponenten, wovon die eine in der Rechnung reell, die andere imaginär erscheint, nämlich:

$$- \dot{J}_1 \, r_2' \frac{1}{(1+\sigma_2)^2}$$

und

$$j \cdot \dot{J}_1 \left(k_{q_{11}} + k_{g_{11}} \cdot \frac{\sigma_2}{1+\sigma_2} \right)$$

Erstere erhöht im Diagramm offenbar den ohmischen Spannungsabfall $- \dot{J}_1 \, r_1$,

letztere die Streuspannung $\dot{E}_\sigma = j \, k_\sigma \cdot \dot{J}_1$.

Nun ist es von Wichtigkeit an einem konkreten Beispiel zu zeigen, welche Größen diese Zusatzglieder annehmen. Für die Versuchsmaschine ergeben sich die diesbezüglichen Werte unter Benutzung der Daten auf S. 31 u. 32 in folgender Weise [1]):

Der auf die Ankerwicklung reduzierte Widerstand der Erregerwicklung r'_2 ist laut Gl. 46) bestimmt durch:

$$r'_2 = r_2 \frac{k_{12} \cdot k_{21}}{k^2_{22}} = r_2 \frac{1}{8} \left(\frac{w_1}{w_2} \right)^2 \frac{c_g}{\frac{c_1 \pi}{4}} \quad \text{(s. Gl. 32; 43a; 40a)}$$

$$= 20{,}4 \cdot \frac{1}{8} \left(\frac{26{,}8}{820} \right)^2 \cdot \frac{0{,}975}{\frac{1{,}177 \, \pi}{4}} =$$

$$= 0{,}0057 \; \Omega.$$

Hierbei ist für r_2 lediglich der Widerstand der Magnetwicklung $r_{2m} = 20{,}4$ Ohm eingeführt, indem der äußere Widerstand $r_{2a} = 0$ angenommen wurde, was bei Erregung mit einer Batterie ohne nennenswerten Vorschaltwiderstand annähernd zutrifft. Da sich aber der primäre, durch Gleichstrommessung ermittelte Widerstand zu $r_1 = 0{,}15 \, \Omega$ fand, darf in diesem Falle r'^2 und damit das reelle Glied von E_t vernachlässigt werden. Unterscheidet sich hingegen r_{2a} wesentlich von Null, so kann ev. eine merkbare Erhöhung des Ankerwiderstandes r_1 eintreten.

Zur Berechnung des imaginär erscheinenden Gliedes ist die Kenntnis der Reaktanzen $k_{g_{11}}$ und $k_{q_{11}}$ notwendig; diese liefern die Gl. 24a) und 27) mit Hilfe der Angaben auf S. 31 u. 32 zu ($\nu = 40$ Perioden):

---

[1]) Weitere Angaben über die Versuchsmaschine s. S. 48.

$$k_{g_{11}} = \frac{8\,\pi}{10} \cdot \nu \cdot \frac{R \cdot L}{\delta''_g} \cdot c_g \cdot w_1^2 \cdot 10^{-8}$$

$$k_{g_{11}} = \frac{8\,\pi}{10} \cdot 40 \cdot \frac{11{,}75 \cdot 21{,}5}{0{,}335} \cdot 0{,}975 \cdot 26{,}8^2 \cdot 10^{-8} = 0{,}53\ \Omega$$

$$k_{q_{11}} = k_{g_{11}} \frac{c_q}{c_g}\ (\delta''_g = \delta''_q \text{ gesetzt}) = 0{,}53\ \frac{0{,}525}{0{,}975} = 0{,}286\ \Omega.$$

Wird der Streuungskoeffizient σ_2 wieder mit 0,17 berücksichtigt (s. unter Kap. II, 3c), so folgt jetzt:

$$k_{q_{11}} + k_{g_{11}} \frac{\sigma_2}{1 + \sigma_2} = 0 \cdot 286 + 0{,}077 = 0{,}363\ \Omega.$$

Der zweite Summand $k_{g_{11}} \frac{\sigma_2}{1 + \sigma_2}$ beeinflußt demnach das Resultat nicht erheblich; es läßt sich daher sagen, da nach Gl. 19) und 27) $k_{q_{11}} = \frac{1}{2}\,k_q$ ist: Die zusätzliche Spannungskomponente beträgt ungefähr die Hälfte des Höchstwertes der Querspannung E_q (bei $\vartheta = 0^0$!), während ihre Richtung mit der von E_σ zusammenfällt (s. o.).

Nun erfährt aber, wie spätere Versuche zeigen werden, der magnetische Widerstand des Querfeldes eine wesentliche Erhöhung mit zunehmender Induktion; da außerdem die dämpfende Wirkung der Wirbelströme im Eisen zu berücksichtigen ist, so dürfte bei Sättigung die durch das inverse Feld bedingte Vergrößerung der Streuspannung nicht sehr bedeutend sein. Eine experimentelle Bestimmung dieser zusätzlichen Komponente ist insofern nicht möglich, als sie mit E_σ gleiche Richtung aufweist und nur die Summe beider Spannungen durch Versuch ermittelt werden kann (s. unter B, K. II, 2).

Deutlicher tritt die dritte Harmonische $\overset{3}{E_i}$ in Erscheinung, denn sie ist beträchtlich größer wie die erste Harmonische E_i. Ihr Effektivwert folgt unter Vernachlässigung des reellen Gliedes aus Gl. 40) zu:

$$\dot{\overset{3}{E_i}} = -j\,\dot{J}_1\,3 \left(k_{q_{11}} - k_{g_{11}} \frac{\sigma_2}{1 + \sigma_2}\right)$$

und hat, solange der magnetische Widerstand des Eisens keine Rolle spielt, die numerische Größe:

$$\overset{3}{E_i} = 3 \cdot (0{,}286 - 0{,}077)\ J = 0{,}63\ J_1;$$

die sich natürlich bei konstantem Strom und wachsender Induktion ebenfalls vermindert (vgl. Teil B, K. III, Abs. 1).

Nachdem aber im allgemeinen die E. M. K. $\overset{3}{E_i}$ einen Ausgleichstrom im Primärkreis erzeugt, wird an den Enden der Ankerwicklung nicht $\overset{3}{E_i}$, sondern eine Klemmenspannung Δ^{3} meßbar sein, welche sich über die resultierende erste Harmonische des Diagramms (Δ^1) lagert. Ein von der Periodenzahl unabhängiges Wechselstromvoltmeter muß also einen Effektivwert Δ anzeigen, der sich rechnerisch durch den Ausdruck bestimmen läßt:

$$\Delta = \sqrt{(\Delta^3)^2 + (\Delta^1)^2}$$

Nun ist leicht einzusehen, daß das Verhältnis der ersten zur dritten Harmonischen von dem Verhältnis der Magnet- zu den Anker-Amperewindungen also von dem Quotienten $\frac{2\,A \cdot W_m}{AS \cdot t_p}$ abhängt. Gibt man diesem Quotienten einen großen Wert, dann wird die dritte Harmonische zurücktreten und unser Vektordiagramm, das lediglich die ersten Harmonischen berücksichtigt, zum richtigen Resultate führen. Bei kleinen Werten des Amperewindungs-Verhältnisses hingegen muß auf die Anwendung eines Diagrammes verzichtet werden. Näheres hierüber findet sich im experimentellen Teil der Arbeit.

IV. Inverses Feld und seine Dämpfung bei Maschinen mit konstantem Luftraum und verteilter Erregerwicklung.

1) Induktion der Erregerwicklung durch das inverse Querfeld.

Aus den Entwicklungen des Kap. III, Abs. 5a geht hervor, daß das inverse Gegenfeld durch die Rückwirkung der pulsierenden Magnetamperewindungen unterdrückt wird, während das inverse Querfeld ungedämpft bleibt. Bei Maschinen mit ausgeprägten Polen äußert nun letzteres seinen Einfluß ausschließlich im Ankerkreis (von den Wirbelströmen im Magnetsystem soll hier abgesehen werden). Anders liegt der Fall, wenn wir Verhältnisse annehmen, wie sie sich bei Turbogeneratoren finden, d. h. unausgeprägte Pole und eine über den Läufer gleichmäßig verteilte Gleichstromerregerwicklung.

Eine solche Wicklung besitzt nämlich **zwei** Achsen, in denen eine Induktion erfolgen kann: Eine mit der Polmittellinie zusammenfallende, die als Erregerachse, und eine dazu senkrecht stehende, die als Querachse bezeichnet werden soll (s. schematische Skizze Fig. 18). Die durch das inverse Gegenfeld in der Erregerachse bedingten Vorgänge sind bereits bekannt, da sie als Spezialfall im vorangehenden Kapitel behandelt wurden. Dagegen interessiert es, die bislang unberücksichtigte Wirkung des inversen Querfeldes in der anderen Achse zu untersuchen. An den diametral gegenüberliegenden Punkten a und b der Rotorwicklung muß als Folge dieses Feldes offenbar eine Wechselspannung (E_{13}) auftreten, die wegen der Symmetrie der Verhältnisse die gleiche Intensität besitzt wie die früher berechnete Schleifringspannung E_{12} (s. Kap. II, Abs. 2) bei offenem Erregerkreis (II). Es ergibt sich also hierfür der Ausdruck:

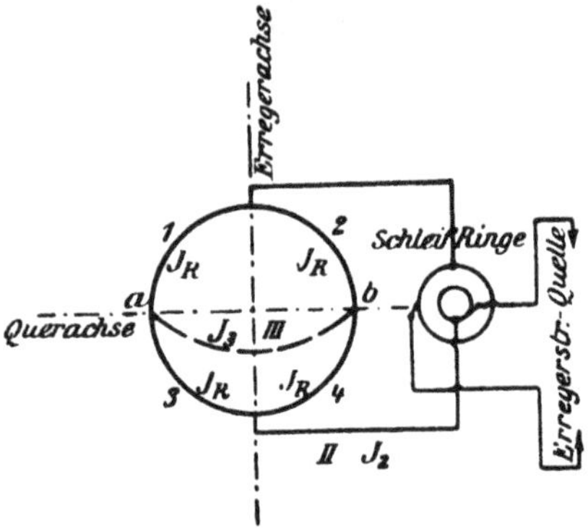

Fig. 18.

$$E_{13} = E_{12} = k_{12} \cdot J_1 \text{ Volt},$$

wobei die Wechselreaktanz

$$k_{13} = k_{12} = \frac{16\,\pi}{10} \cdot 2\,\nu \cdot \frac{RL}{\delta''} \cdot w_1 \cdot w_3 \cdot 10^{-8} \text{ Ohm}$$

und $$w_1 = f_1 \frac{z_1 \cdot \mathfrak{w}}{\mathfrak{a}} \text{ bzw. } w_3 = w_2 = f_2 \frac{s \cdot b}{4\,ap}$$

zu setzen sind. Während sich aber die Spannung E_{12} über die Erregerstromquelle auszugleichen vermag, findet die in der Querachse erscheinende E. M. K. E_{13} keinen Ausgleichsweg und muß deshalb für den Isolationszustand der Rotorwicklung gefährlich werden; denn ihre Höhe beträgt jedenfalls ein Vielfaches der nur durch den ohmschen Spannungsabfall des Magnetisierungsstromes bestimmten Erregerspannung (vgl. auch das Beispiel Kap. III, Abs. 2).

Die Gefahr wird jedoch sofort beseitigt, wenn die Punkte a und b der Rotorwicklung eine Kurzschlußverbindung erhalten, wie sie in Fig. 18 strichliert eingetragen ist[1]). Dadurch entsteht nämlich ein Schließungskreis in der Querachse, der mit III bezeichnet werden möge.

2. Dämpferstrom J_3 und Stromverteilung in der Erregerwicklung.

Die Spannung E_{13} kann nun einen Kurzschlußstrom J_3 erzeugen, so daß Rotoramperewindungen auftreten, die das induzierende Statorquerfeld dämpfen. Die Größe von J_3 läßt sich am einfachsten durch folgende Überlegung ermitteln:

Für den Strom im Erregerkreis II ergab sich nach Gl. 42a), S. 35, der komplexe Ausdruck:

$$\dot{J}_2 = -\frac{k_{12}}{k_{22}(1+\sigma_2)}\left(1 - j\,\frac{r_2}{k_{22}(1+\sigma_2)}\right)\cdot \dot{J}_1.$$

Hierbei war $$r_2 = r_{2m} + r_{2a}$$

und $$\sigma_2 \cdot k_{22} = \sigma_{2m} \cdot k_{22} + \sigma_{2a} \cdot k_{22}.$$

Setzt man jetzt die auf den äußeren Teil des Schließungskreises sich beziehenden Konstanten r_{2a} und $\sigma_{2a} \cdot k_{22}$ gleich Null, so bedeutet das physikalisch einen Kurzschluß der Rotorwicklung in der Erregerachse, während der Stator mit dem

[1]) Diese Schaltungsmöglichkeit wurde durch Marius Latour, später unabhängig davon durch Prof. Pichelmayer angegeben. Vgl. auch den Aufsatz E. T. Z. 1910, S. 161 aus der Feder Pichelmayers, worin eine Reihe von Versuchen mitgeteilt wird, die eine interessante Bestätigung der hier und in Kap. III, Abs 5 a angestellten rechnerischen Überlegungen liefern. Der Artikel erschien nach Fertigstellung des Konzeptes zur vorliegenden Arbeit.

Strom J_1 gespeist wird. Wir haben also genau die gleichen Verhältnisse, wie sie in der Querachse vorliegen; mithin kann aus Symmetrie-Gründen zur Berechnung des Stromes J_3 auch dieselbe Formel verwendet werden, nämlich

$$\dot{J}_3 = -\frac{k_{13}}{k_{33}(1+\sigma_3)}\left(1 - j\frac{r_3}{k_{33}(1+\sigma_3)}\right)\dot{J}_1, \quad . \quad (49\,\text{a})$$

wobei lediglich die Indizes der Konstanten vertauscht sind, da

die Wechselreaktanz $k_{13} = k_{12}$,
die Eigenreaktanz $k_{33} = k_{22}$,
die Streureaktanz $k_{3\sigma} = \sigma_3 \cdot k_{33} = \sigma_{2m} \cdot k_{22}$

und schließlich der ohmsche Widerstand der Rotorwicklung zwischen den Punkten a und b: $r_3 = r_{2m}$.

Unter Vernachlässigung des numerisch unbedeutenden imaginären Gliedes erhielt ferner J_2 die bekannte Größe:

$$J_2 = -\frac{1}{1+\sigma_2} \cdot \frac{w_1 \cdot \dot{J}_1}{2\,w_2} \quad . \quad . \quad . \quad . \quad (42\,\text{d})$$

analog folgt: $$\dot{J}_3 = -\frac{1}{1+\sigma_3} \cdot \frac{w_1 \cdot \dot{J}_1}{2\,w_3} \quad . \quad . \quad . \quad . \quad . \quad (49\,\text{b})$$

$$[w_3 = w_2]$$

Multipliziert man nun die Gl. 42d) und 49b) mit w_2 bzw. w_3, so besagen sie, daß die das inverse Feld in zwei Achsen dämpfenden Rotoramperewindungen mit den korrespondierenden inversen Gegen- und Queramperewindungen des Stators in Opposition stehen. Letztere sind aber nach S. 24 und Fig. 15 zeitlich um 90° versetzt; folglich müssen auch die Rotoramperewindungen und die mit ihnen phasengleichen Ströme $\dot{J}_2$ und $\dot{J}_3$ eine Verschiebung um 90° aufweisen.

Nach Feststellung dieser Richtungsbeziehung ist es jetzt möglich, die in der Erregerwicklung auftretende Belastung zu bestimmen. Wird die halbe Zahl der parallelen Stromkreise zu $a = 1$ angenommen, so fließen in den Wicklungshälften zu beiden Seiten der Erreger- bzw. der Querachse die Ströme $\frac{\dot{J}_2}{2}$ bzw. $\frac{\dot{J}_3}{2}$, deren geometrische Summe offensichtlich den in den einzelnen Wicklungsquadranten 1, 2, 3, 4 (s. Fig. 18) resultierenden Wechselstrom (J_R) liefert; also

$$J_R = \sqrt{\left(\frac{J_2}{2}\right)^2 + \left(\frac{J_3}{2}\right)^2}.$$

Neben dem pulsierenden Strom J_R ist aber auch noch der konstante Erregerstrom $\frac{i_m}{2}$ vorhanden. Ein Stab der Rotorwicklung wird deshalb mit einem effektiven Wellenstrom

$$J_s = \frac{1}{2} \sqrt{J_2^2 + J_3^2 + i_m^2}$$

belastet sein und eine entsprechende Dimensionierung erhalten müssen. Der Ausdruck $4 J_s^2 \cdot R$ repräsentiert dann die Joulschen Verluste des Läufers, wenn R den Widerstand eines Wicklungsquadranten bezeichnet, der natürlich dem zwischen den Punkten a und b gemessenen (r_3) gleichwertig ist.

Die Vorgänge in der Statorwicklung eines derartigen (Turbo-)Generators bedürfen keiner weiteren Erläuterung. Da das inverse Feld bis auf einen geringfügigen, durch Streuung und ohmschen Widerstand der Dämpfungskreise bedingten Betrag kompensiert wird, so resultiert nur mehr das synchrone Ankerfeld. Mithin liegt der Fall vor, der in Kap. II, Abs. 1 schon behandelt wurde und zu dem in Fig. 6 dargestellten Vektordiagramm führte. Dieses ist aber bekanntlich identisch mit dem Phasendiagramm einer mit konstantem Luftraum versehenen Drehstrommaschine; folglich müssen der kompensierte Einphasen- und der Dreiphasengenerator im Betrieb das gleiche charakteristische Verhalten aufweisen.

B. Experimenteller Teil.

Zur Ergänzung des theoretischen Teiles der Arbeit wurde eine Reihe von Versuchen angestellt[1]). Diese erfolgten an einem von Siemens & Halske gebauten, einphasig belasteten

[1]) Hier möchte ich nicht versäumen, Herrn Diplomingenieur Kelber für gelegentliche Hilfeleistungen bei der Durchführung der Versuche, namentlich bei der Aufnahme der Oszillogramme, meinen wärmsten Dank auszusprechen.

Drehstromgenerator. Seine Leistung beträgt dreiphasig 5 KW, die Klemmenspannung bei $\nu = 50$ Perioden 120 Volt, die normale Strombelastung dreimal 24 Ampere. Führen nur zwei Phasen einen Wechselstrom von $J_1 = 24$ Ampere, so ergibt sich infolge der verminderten Ankerrückwirkung ein etwas höherer Normalwert für die Spannung; mithin können bei 40 Perioden, die mit Rücksicht auf örtliche Verhältnisse gewählt werden mußten, ca. 100 Volt als normale Klemmenspannung betrachtet werden. Stator und Magnetsystem sind durchwegs lamelliert; letzteres besitzt sechs ausgeprägte Pole und rotiert demgemäß mit 800 Touren, wenn 40 Perioden erzeugt werden. Die wichtigsten auf die Hauptdimensionen, die Statornutung und die Wicklungsverhältnisse sich beziehenden Angaben wurden bereits auf S. 31 u. 32 gemacht und sollen hier keine Wiederholung finden.

I. Beschreibung der Meßanordnung.

Fig. 19 zeigt die für die Mehrzahl der Versuche benutzte Schaltung; sie wurde so getroffen, daß die mit D. G. I. bezeichnete Versuchs-Maschine ein- und ev. auch dreiphasig arbeiten konnte. Die Belastung erfolgte mit Hilfe eines direkt gekuppelten sechspoligen Drehstromgenerators D. G. II und eines asynchronen Motors A. M., der als statischer Transformator verwendet wurde. Den Antrieb des gekuppelten Aggregats D. G. I, D. G. II besorgte mittels Riemen-Übertragung ein an einer Batterie liegender Nebenschlußmotor (N. M.). Der Vorgang bei der Belastung spielt sich kurz folgendermaßen ab: Im Stator des dreiphasig gespeisten Transformators A. M. bildet sich ein Drehfeld aus, weshalb die an zwei Anschlußpunkten der sekundären Wicklung etwa an den Schleifringen I', II' erscheinende sekundäre Spannung (E'_{12}) durch Drehung des Rotors in jede beliebige Lage zu der entsprechenden Leerlaufspannung E_{12} der Dynamo D. G. I gebracht werden kann (s. Fig. 19). Sind die E. M. K.e E'_{12} und E_{12} gleich groß aber entgegengesetzt gerichtet, so wird ein Schließen der Hebel S_2 und S_1 keine Änderung der elektrischen Verhältnisse bedingen. Findet aber nun eine Drehbewegung des mittels Schneckengetriebes verstellbaren Rotors im einen oder anderen Sinn statt, so tritt in dem durch die Rotorwicklung des Transformators und die Statorwicklung von D. G. I. gebildeten

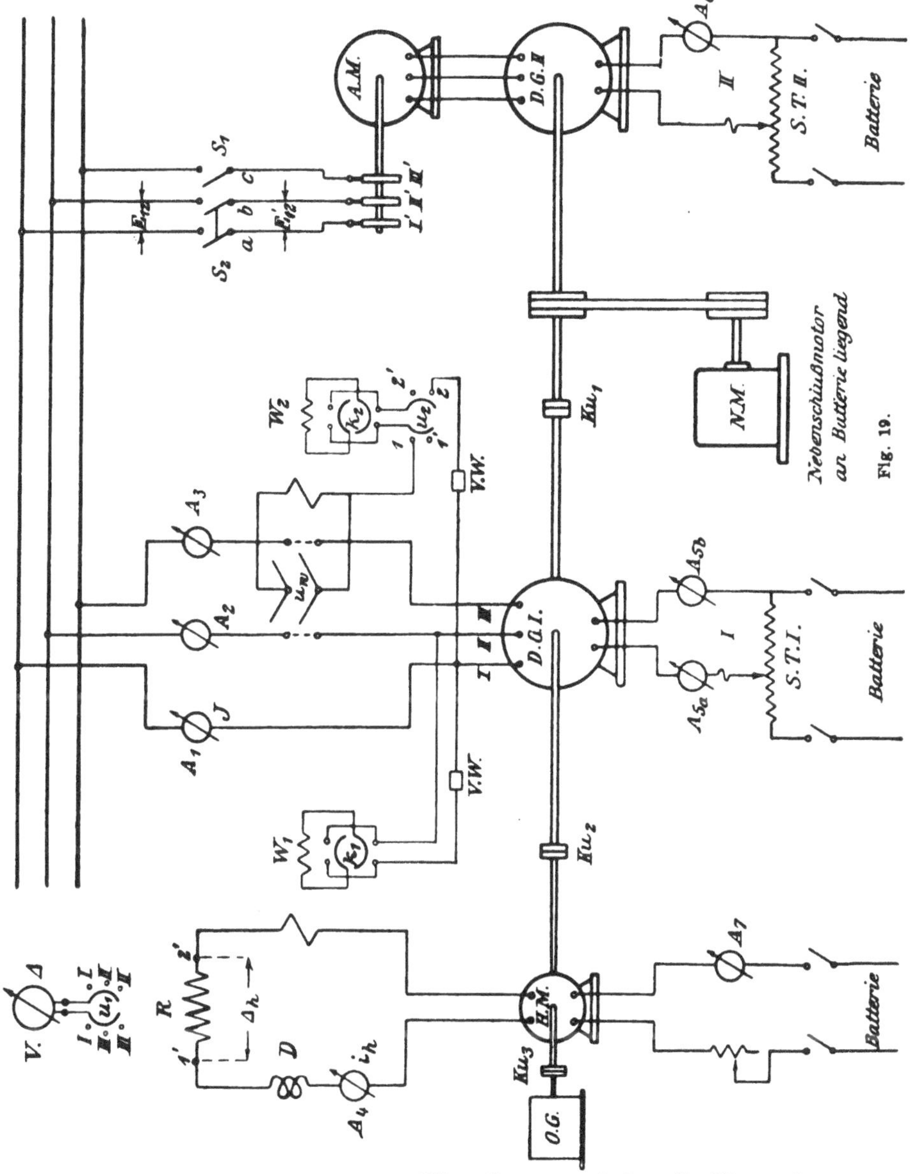

Fig. 19.

Schließungskreise jeweils ein Watt-Strom auf, der die Versuchsmaschine generatorisch oder motorisch belastet. Zu diesem

Wattstrom läßt sich noch eine induktive oder kapazitive wattlose Stromkomponente hinzufügen, wenn an Hand der Spannungsteiler S. T. I. und S. T. II. die Erregungen der Maschinen D. G. I. und D. G. II. entsprechend beeinflußt werden. Das Regulier-Prinzip ist also das analoge wie beim Zusammenarbeiten zweier parallel laufender Synchronmaschinen, hat aber den großen Vorteil, daß es eine beliebige Belastung leicht herzustellen und auch konstant zu halten gestattet.

Das Öffnen des Hebels S_1 ermöglicht den sofortigen Übergang vom dreiphasigen zum einphasigen Betrieb. In diesem Falle nimmt der Stator des Transformators drei unsymmetrische Ströme auf, die ein Drehfeld mit etwas veränderter Amplitude erzeugen. Da aber die Unsymmetrie nicht sehr bedeutend ist, so kann die Regulierung in derselben Weise wie bei dreiphasigem Betrieb vorgenommen werden.

Die im vorstehenden beschriebene Schaltanordnung stammt von Herrn Professor Ossanna, der sie bereits im Jahre 1906 angegeben hat. Sie steht seitdem im elektrotechnischen Institut der Kgl. Technischen Hochschule München zu den verschiedensten Zwecken in ständiger Verwendung. Ihre schon oben betonten Vorzüge, jeden gewünschten Belastungszustand rasch einregulieren und leicht aufrecht erhalten zu können, haben sich bei der Durchführung des experimentellen Teiles der Arbeit als sehr wertvoll erwiesen, ja die Mehrzahl der Versuche erst ermöglicht.

Natürlich lassen sich die Vorteile dieser Schaltung auch ohne Anwendung eines als Transformator dienenden Drehstrommotors erreichen, wenn eine der parallel laufenden, direkt gekuppelten Maschinen einen verstellbaren Stator besitzt.

Zur Messung der gegenseitigen Verschiebung zwischen Leerlaufspannung, Klemmenspannung und Strom diente die durch Kupplung K_{w2} mit dem Generator starr verbundene Hilfsmaschine H. M. (60 Volt, 2 Amp.). Sie arbeitet bei konstantem Strom i_h auf eine Drosselspule D und einen Ohmschen Widerstand R. Die Drosselspule D hat die Aufgabe, die höheren Harmonischen der Stromkurve zu unterdrücken, so daß an den Klemmen 1', 2' des Widerstandes R eine mit dem Strome phasengleiche nahezu vollkommen sinusförmige

E. M. K. Δ_h erscheint, was auch eine oszillographische Aufnahme bestätigte. Der Stromvektor i_h, bzw. der Spannungsvektor Δ_h können jede gewünschte genau bestimmbare Lage erhalten, da der sechspolige Magnetkranz des Hilfsgenerators H. M. drehbar angeordnet und mit einer Gradteilung versehen ist. Die Winkelmessung erfolgt jetzt mit Hilfe der Wattmeter W_1 und W_2 nach einer Nullmethode und liefert daher sehr genaue Werte[1]). In Wattmeter W_1 korrespondieren der Hilfsmaschinen-Strom i_h mit der Klemmenspannung der Versuchsmaschine E_s bzw. Δ, die an den Phasen I und II abgenommen wurde. Wattmeter W_2 vereinigt bei einphasigem Betrieb, wenn Hebel S_1 geöffnet und der Wattmeter-Umschalter U_w nach links gelegt ist, den Strom I des Generators D. G. I. mit der oben definierten an den Kontakten 1′, 2′ des Umschalters U_2 liegenden Hilfsspannung Δ_h.

Bei Leerlauf wird zunächst der Polkranz von H. M. so verdreht, daß Vektor i_h senkrecht auf Vektor E_s steht, wobei ein räumlicher Winkel α_1 an der Gradteilung abzulesen ist. Der Zeiger des Wattmessers W_1 befindet sich demgemäß in seiner Ruhelage d. h. über dem Nullpunkt der Skala.

Bei Belastung verschiebt sich nun die Klemmenspannung Δ automatisch gegenüber der Leerlaufspannung E_s bzw. der phasengleichen Spannung E_R um einen Winkel α (s. Fig. 11, S. 20 bzw. Fig. 20); folglich zeigt Wattmeter W_1 einen Ausschlag, der durch eine weitere Drehung an der Hilfsmaschine H. M. gleich Null gemacht werden kann. Hierbei ergibt sich eine Winkelablesung α_2. Bezeichnet p die Polpaarzahl, dann besteht nach Fig. 20 offenbar die Beziehung:

$$p\,(\alpha_2 - \alpha_1) = \alpha$$

Wird sodann über die Umschalterkontakte 1′ 2′, die mit i_h phasengleiche Spannung Δ_h an die Spannungsspule des Wattmeters W_2 gelegt, so muß jetzt Wattmeter W_2 entsprechend

[1]) Die Methode, durch Anwendung einer mit dem Generator direkt gekuppelten Hilfsmaschine Phasenverschiebungen zu bestimmen, wurde schon vor mehreren Jahren von Herrn Professor Ossanna angegeben und wegen ihrer meßtechnischen Vorzüge auch in die praktischen Übungen des elektrotechnischen Laboratoriums der Kgl. Technischen Hochschule München eingeführt.

der Phasenverschiebung φ zwischen Δ und J einen Ausschlag zeigen ($\sphericalangle J, \Delta_h = 90 \pm \varphi^0$ s. Fig. 20). Die Reduktion dieses Ausschlages auf den Wert Null durch eine dritte Verstellung des Magnetkranzes von H. M. liefert schließlich einen räumlichen Winkel α_3 und damit den gesuchten Winkel φ, da

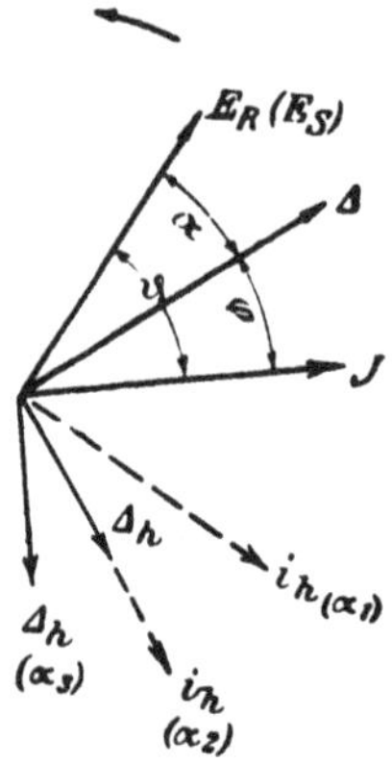

Fig. 20.

$$\varphi = p\,(\alpha_3 - \alpha_2)$$

Aus φ und α oder direkt aus der Beziehung $\vartheta = p\,(\alpha_3 - \alpha_1)$ kann nun auch die innere Phasenverschiebung zwischen E_R und J ermittelt werden.

Analog läßt sich die Winkelbestimmung bei dreiphasiger Belastung vornehmen, wenn hierbei E_s, Δ und J die elektrischen Größen einer Phase bezeichnen. Doch ist es besser, statt der Phasenspannung die mehr sinusförmige verkettete Spannung zur Messung zu verwenden; dadurch gestaltet sich zwar die Winkelberechnung etwas umständlicher, das Resultat aber genauer. Bei der experimentellen Untersuchung dienten, soweit eine Drehstrombelastung stattfand, die Spannung an den Klemmen I, II sowie der Strom J_3 der Phase III zur Ermittlung der Winkelbeziehungen, weshalb eine Schaltungsänderung nicht notwendig wurde.

Aus dem Schema Fig. 19 ist ferner leicht zu ersehen, daß Wattmeter W_2 mit Hilfe des Wattmeterumschalters U_w und des Spannungsumschalters U_2 auch die Leistung bei ein- und dreiphasigem Betrieb zu messen gestattet. Es ergibt sich also auf diese Weise eine Kontrolle für den durch die Nullmethode bestimmten Winkel φ; doch führt naturgemäß namentlich bei kleinen Werten von φ die Nullmethode zu verlässigeren Resultaten.

Letztere ist selbst dann noch mit genügender Genauigkeit anwendbar, wenn eine starke Kurvenverzerrung vorliegt, wie sie die einphasige Belastung der Maschine bei schwacher Erregung mit sich bringt; denn auf Grund der fast reinen Sinusform der elektrischen Hilfsgrößen i_h und Δ_h erlaubt sie eine Messung des Winkels zwischen den ersten Harmonischen von Strom und Spannung.

Zur Information über den charakteristischen Verlauf solcher verzerrter Kurven diente der mit der Hilfsmaschine und dadurch auch mit der Versuchsmaschine starr gekuppelte Oszillograph (O. G. Fig. 19). Infolge dieser starren Verbindung sowie der Möglichkeit, konstante Tourenzahl und Belastung aufrecht zu erhalten, konnten mehrere Kurven unmittelbar nacheinander auf dasselbe lichtempfindliche Papier photographiert und so auch ihre gegenseitige Lage festgestellt werden. Die Schaltung des Oszillographen wurde mit Rücksicht auf die Übersichtlichkeit der Darstellung in Fig. 19 nicht eingetragen.

Ferner bezeichnen in Fig. 19:

A_1, A_2, A_3—A_4—A_{5a}, A_{5b}—A_6—A_7 Amperemeter zur Messung der Statorströme von D. G. I., des Hilfsmaschinenstromes, sowie der Erregerströme von D. G. I., D. G. II. und H. M.

V ein Voltmeter zur Messung der Klemmenspannungen von D. G. I.

U_1 den dazugehörigen Umschalter

K_1 und K_2 Spannungskommutatoren.

V. W. Vorschaltwiderstände.

K_{u1}, K_{u2}, K_{u3} Kupplungen.

II. Untersuchung der unerregten Maschine.

Im Anschluß an die Theorie des inversen Feldes (Kap. III) sollen nun mehrere ergänzende Versuche erörtert werden, die im unerregten Zustand der Magnete vorgenommen wurden.

1. Bestimmung der Konstanten k_{12} und k_2.

Die Wechselreaktanz k_{12} ergab sich früher auf rechnerischem Wege (s. A. Kap. III Abs. 2) zu 65 Ohm. Ihre experimentelle Ermittlung fand in folgender Weise statt. Der mit 800 Touren rotierenden Versuchsmaschine wurde ein dem Generator D. G. II entnommener 40 periodiger Einphasenstrom J_1 zugeführt und die Spannung E_{12} an den Schleifringen des offenen Erregerkreises mittels eines elektrostatischen Voltmeters gemessen. Die Stromstärke J_1 durfte hierbei wegen Gefährdung des Isolationszustandes der Magnetwicklung nicht groß gewählt werden.

Für $J_1 = 7$ Amp. fand sich eine Spannung $E_{12} = 325$ Volt, woraus der Wert von k_{12} zu 46,4 Ω folgt.

Die Orientierung über die Größe des Verhältnisses $\frac{r_2}{k_2}$ (s. S. 35) erforderte neben einer Widerstandsmessung auch die Bestimmung der Eigenreaktanz der Magnetwicklung. Zu diesem Zwecke wurde bei rotierendem Magnetsystem ($n = 800$) und offenem Ankerkreis an die Feldspulen eine mit 40 Perioden pulsierende Spannung von 330 Volt gelegt, die eine Stromaufnahme von 0,205 Amp. bedingte. Aus der Quotientenspannung zu Strom ergab sich dann, unter Vernachlässigung der Resistanz von 20,4 Ω, die Reaktanz k_2 zu 1610 Ω bezw. zu 3220 Ω bei Umrechnung des Meßwertes auf 80 Perioden, welche regulär in der Erregerwicklung auftreten. Ermittelt man vergleichsweise rechnerisch die Reaktanz k_2 aus der Formel:

$$k_2 = \left(1 + \sigma_2\right) k_{22} = \left(1 + \sigma_2\right) \frac{32\pi}{10} \cdot 2r \cdot \frac{R \cdot L}{\delta''_g} \left(\frac{c_1 \pi}{4}\right) w_2^2 \cdot 10^{-8}\ \Omega.$$

$$= 1{,}17 \frac{32 \cdot \pi}{10} \cdot 2{,}40 \frac{11{,}75 \cdot 21{,}5}{0{,}335} \left(\frac{1{,}177\ \pi}{4}\right) 820^2 \cdot 10^{-8}$$

$$= 4400\ \Omega.$$

wobei $\sigma_2 = 0{,}17$ gesetzt und die Daten auf S. 31 u. 32 benützt wurden, so zeigt sich, daß der Zahlenwert von k_2 ebenso wie der von k_{12} (s. o.) nach Rechnung größer ausfällt als nach Versuch. Diese Abweichung ist wie schon früher erwähnt in erster Linie auf den Einfluß[1]) der Wirbelströme zurückzuführen.

Da nun die Wirbelströme von dem Quadrate der Schleifringspannung abhängen, die bei beiden Messungen ungefähr die gleiche war, so muß auch ihre dämpfende Wirkung in beiden Fällen annähernd dieselbe sein; dementsprechend steht das theoretische Verhältnis $\frac{k_{12}}{k_2}$ mit dem experimentell gewonnenen im Einklang. Es ist nämlich:

$$\text{theoretisch: } \frac{k_{12}}{k_2} = 1{,}474\ 10^{-2}$$

$$\text{experimentell: } \frac{k_{12}}{k_2} = 1{,}443\ 10^{-2}$$

[1]) Die Wirbelströme können sich bei dieser Maschine besonders in den zum Festhalten der Magnetwicklung dienenden 6 Messingspulentellern ausbilden, die kurzgeschlossene Windungen darstellen.

Dieses Verhältnis stellt aber nach Gl. **42**,b nichts anderes dar als den Quotienten der Ströme $\frac{J_2}{J_1}$. Es ist deshalb von vornherein für den folgenden Versuch, der die Abhängigkeit des Rotorkurzschluß-Stromes J_2 vom Statorstrom J_1 zeigen soll, eine Übereinstimmung zwischen Theorie und Rechnung zu erwarten.

2. Kurzschlufsstrom in der Magnetwicklung.

Die Erregerwicklung wurde über ein Hitzdrahtamperemeter kurz geschlossen und hierauf der Anker unter Einhaltung der Aggregattourenzahl 800 (40 Perioden) mit einem

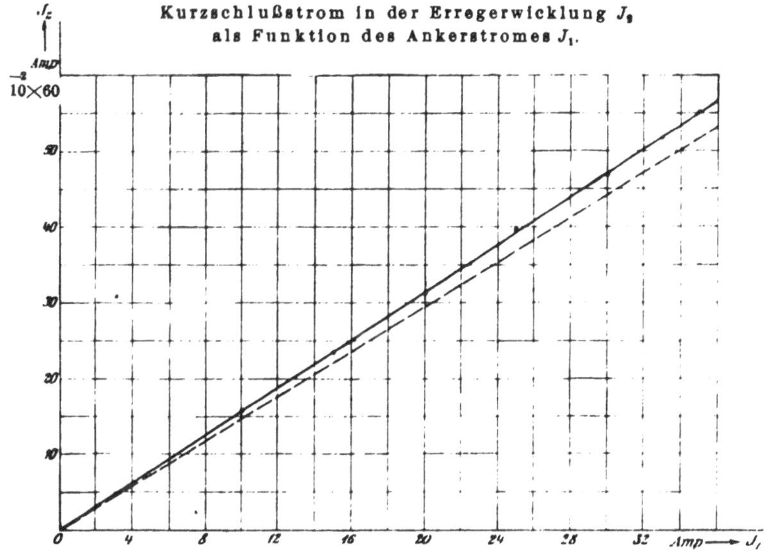

Fig. 21.

Erregerstrom $i_m = 0$ Amp. Innere Phasenverschbg. $\vartheta = 0^0$. Periodenzahl v. $J_1 : \nu = 40$ v. $J_2 : \nu = 80$. ——— experimentell, ·········· berechnet.

veränderlichen Strom J_1 so gespeist, daß die innere Phasenverschiebung d. h. der Winkel ϑ zwischen Leerlaufspannung der Versuchsmaschine und Strom, konstant blieb. Fig. 21 veranschaulicht den Zusammenhang zwischen Sekundärstrom J_2 und Primärstrom J_1, der sich hiebei für den Winkel $\vartheta = 0^0$ ergab. Gleichzeitig ist aus Fig. 21 zu ersehen, daß die berechnete Kurve, die Gerade $J_2 = 0{,}1474 \cdot 10^{-2} J_1$, sich nur wenig von der experimentell gefundenen unterscheidet.

Variiert man bei konstantem Ankerstrom die innere Phasenverschiebung von 0^0 bis plus bzw. minus 90^0, so soll laut Formel 42, welche die veränderliche Größe ϑ nicht enthält, der Kurzschlußstrom J_2 hierdurch unbeeinflußt bleiben. Tatsächlich lassen aber diesbezügliche für $J_1 = 24$ bzw. $J_1 = 33$ Amp. angestellte Versuche aus der graphischen Darstellung Fig. 22 eine Abweichung der Stromkurven J_2 von den konstanten

Kurzschlußstrom in der Erregerwicklung J_2 als Funktion der inneren Phasenverschiebg. ϑ bei konst. Ankerstrom J_1.

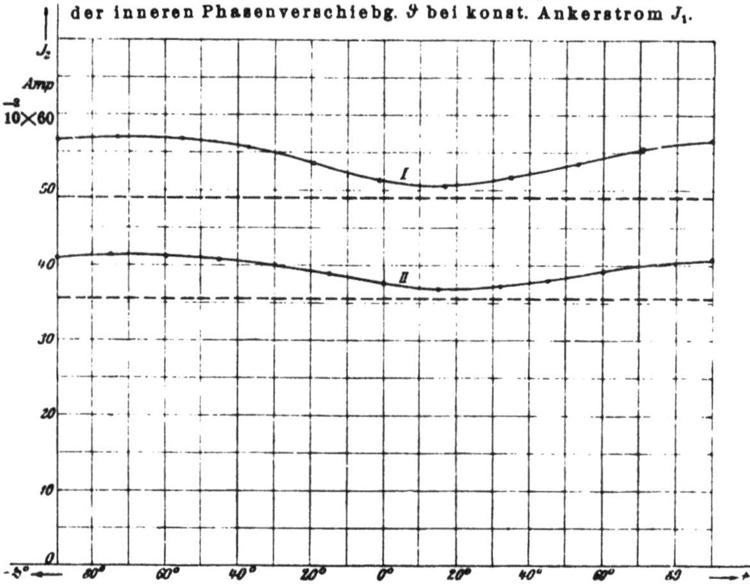

Fig. 22.

Kurve I : $J_1 = 33$ Amp. Kurve II : $J_1 = 24$ Amp. Periodenzahl v. $J_1 : \nu = 40$, v. $J_2 : \nu = 80$. ——— experimentell, ·········· berechnet.

theoretischen Werten $J_2 = 0{,}354$ resp. $J_2 = 0{,}486$ Amp. bis zu maximal 16 % erkennen. Diese Erscheinung mag auf folgende Ursache zurückzuführen sein. Die Variation des Winkels ϑ bedingt verschiedene Stellungen der drehbaren, einphasig belasteten Rotorwicklung des statischen Transformators A. M. Den einzelnen Lagen des Rotors entspricht nun offenbar ein veränderlicher Wert der Streureaktanz des Transformators also auch der Impedanz (z) des primären Schließungskreises. Wird die Widerstandsgröße z klein, so kann sich naturgemäß eine dritte Harmonische des Statorstromes ausbilden, die bekanntlich einen Strom von vierfach synchroner Periodenzahl in der Erregerwicklung hervorruft; damit trifft aber die Voraussetzung für die Gültigkeit der Gl. 42) nicht mehr vollständig zu, denn diese berücksichtigt nur den Strom mit doppelt synchroner Periode (s. Kap. III, Abs. 5b). Auf Grund vorstehender Überlegung müßte also die vierte Harmonische im Rotorstrom bei $\vartheta = 0^0$ nur schwach, bei $\vartheta = 90^0$ dagegen sehr stark ausgeprägt sein, da nach Fig. 22 im ersteren Falle der geringste, im letzteren der größte Unterschied

Kurzschlußstrom in der Erregerwicklung bei $J_1 = 20$ Amp.
(Kurven *a*.)

$\vartheta = 0^0$; $J_2 = 0{,}30$ Amp.

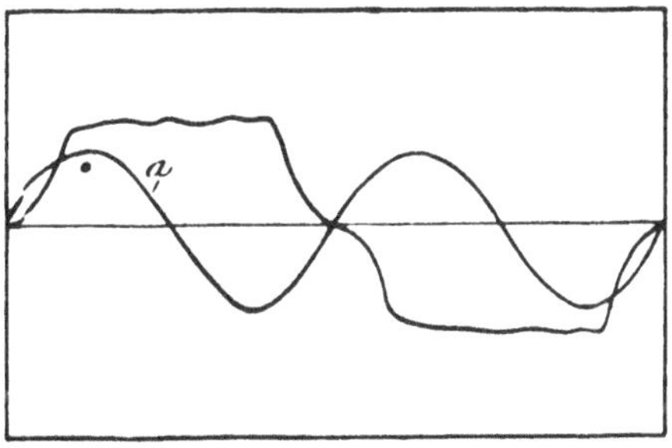

Fig. 23.

$\vartheta = 90^0$; $J_2 = 0{,}34$ Amp.

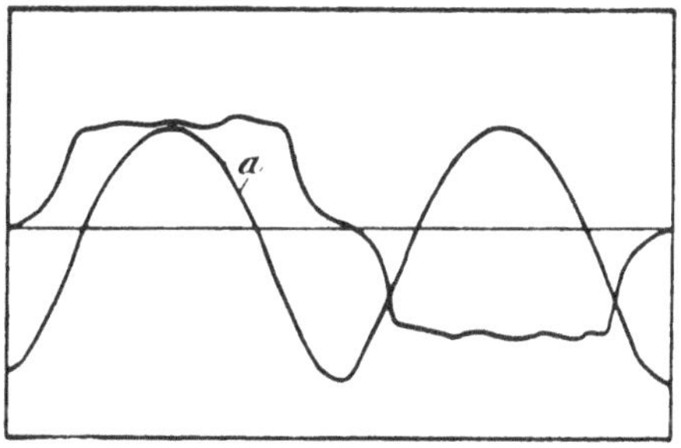

Fig. 24.

zwischen dem rechnerischen und experimentellen Resultat vorhanden ist. Diese Auffassung bestätigen auch zwei oszillographische Aufnahmen des Kurzschlußstromes in der Feldwicklung für eine innere Phasenverschiebung von 0^0 bzw. 90^0, wobei J_1 zu 20 Amp., J_2 zu 0,30 bzw. 0,34 Amp. gemessen wurde Fig. 23 u. 24. Während nämlich Fig. 23 eine fast rein sinusförmige Stromkurve zeigt, läßt Fig. 24 eine erhebliche Unsymmetrie zwischen positiver und negativer Halbwelle des Stromes erkennen, die durch Überlagerung einer vierten Harmonischen verursacht ist. [Um die doppelt synchrone Periodenzahl des Kurzschlußstromes ersichtlich zu machen, wurde neben dem Strom J_2 auch das Leerlauffeld der Maschine aufgenommen.]

3. Oszillographische Untersuchung der Ankerrückwirkung der unerregten Maschine.

a) Trennung der Induktionswirkung des synchronen und inversen Feldes.

Galten die bisherigen Versuche der sekundären Reaktion des Ankerfeldes, so soll jetzt sein Einfluß auf den primären Teil, d. h. auf die Ankerwicklung experimentell verfolgt werden. Da es hierbei von Interesse ist, zu wissen, welche Induktionswirkung dem synchronen, welche dem inversen Feld zuzuschreiben ist, so wurde analog dem Vorgang bei der theoretischen Entwicklung auch experimentell eine Trennung der beiden Felder vorgenommen. Durch dreiphasige Speisung der Versuchsmaschine konnten nacheinander Drehfelder in beiden Drehrichtungen erzeugt werden, die nach Teil A, Kap. I, Abs. 4 dieselben Induktionserscheinungen hervorrufen müssen wie das einphasige Ankerfeld. Um gleichzeitig die Veränderung konstatieren zu können, welche die Spannungskurve durch den Wechselstrom in der Feldwicklung erfährt, wurde der Versuch bei offener und kurzgeschlossener Erregerwicklung durchgeführt. Als Resultat der oszillographischen Untersuchung der Klemmenspannung (Meßschleife stets an den Klemmen I, II der Maschine D. G. I., Fig. 19) ergab sich nun bei einer inneren Phasenverschiebung von 0° das Kurvenbild Fig. 25, bei einer inneren Phasenverschiebung von 90° das Kurvenbild Fig. 26.

Hierbei bedeutet:

a) die vom synchr. Feld induz. Spg.; dreiphasige Belastg.; $J_\varphi = 3{,}5$ Amp.;

b) die vom invers. Feld induz. Spg.; dreiphasige Belastg.; $J_\varphi = 3{,}5$ » ; geschlossener Erregerkr. Kurve um 180° gedreht

c) die vom invers. Feld induz. Spg.; dreiphasige Belastg.; $J_\varphi = 3{,}5$ Amp.; offener Erregerkr. Kurve um 180° gedreht

d) die vom result. Feld induz. Spg.; einphasige Belastg; $J_\varphi = 6{,}1$ Amp.; geschlossener Erregerkr. Phase I, II belastet

e) die vom result. Feld induz. Spg.; einphasige Belastg.; $J_\varphi = 6{,}1$ Amp.; offener Erregerkr. Phase I, II belastet.

Die Empfindlichkeit der Meßschleife war unter *a) ∾ e)* die gleiche. Die Wahl der geringen Stromstärken, einphasig 6,1 Amp., dreiphasig $\frac{6{,}1}{\sqrt{3}} = 3{,}5$ Amp. gebot die Rücksicht auf die Isolation der Feldspulen bei offenem Erregerkreis. Die innere Phasenverschiebung ϑ mußte wie schon früher betont an Hand der Hilfsmaschine bei Wechsel- und Drehstrom-

Oszillographische Untersuchung der Ankerrückwirkung der unerregten Maschine Ankerspannungen bei ein- und dreiphasiger Speisung. Text S. 58 u. f.

Innere Phasenverschiebung $\vartheta = 0^0$
$J_1\varphi = 6{,}1$; $J_3\varphi = 3{,}5$ Amp.; $\nu = 40\sim$

Kurven *a*, *b*, *c*; Dreiphasenspannungen;
d, *e*: Einphasenspannungen.

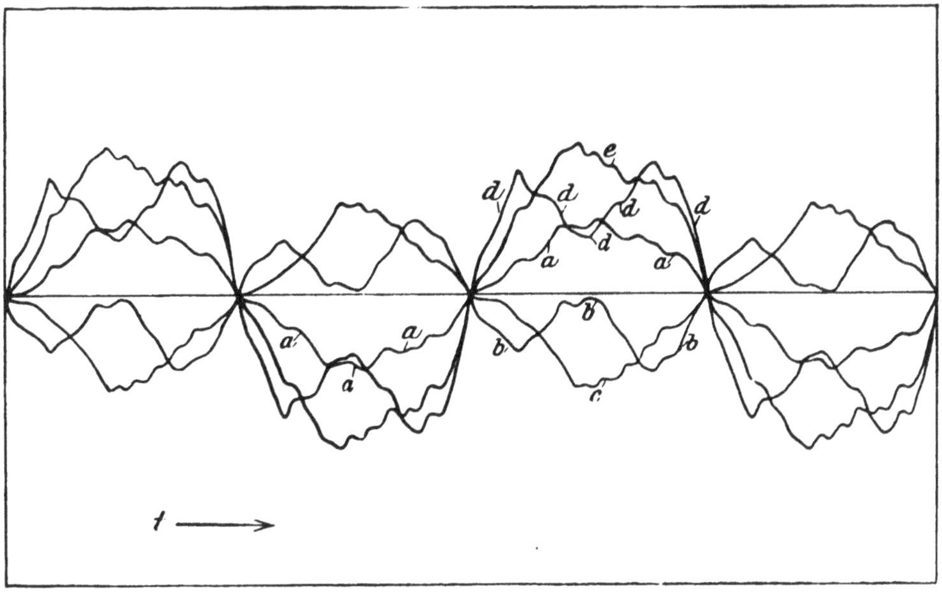

Fig. 25.

Innere Phasenverschiebung $\vartheta = 90^0$
$J_1\varphi = 6{,}1$; $J_3\varphi = 3{,}5$ Amp.; $\nu = 40$.

Kurven *a*, *b*, *c*: Dreiphasenspannungen;
d, *e*: Einphasenspannungen.

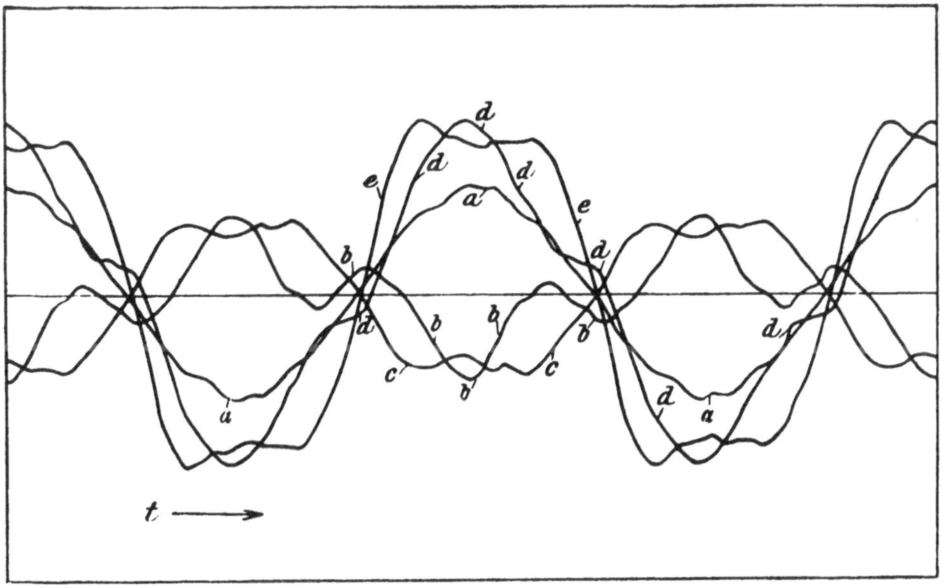

Fig. 26.

belastung auf gleiche Größe einreguliert werden, wobei unter ϑ im letzteren Falle der von Leerlauf-Phasen-Spannung und Phasenstrom eingeschlossene Winkel zu verstehen ist.

Der Übergang von synchronen zum inversen Drehfeld fand nun in folgender Weise statt: Durch gegenseitige Vertauschung der Phasen I und II verwandeln wir das synchrone Drehstromsystem 0,1, 0,2, 0,3 (s. Fig. 5 S. 11) in ein inverses[1]) 0(1′), 0(3′), 0(2′). Dieses hat aber offenbar gleiche Lage wie der strichliert gezeichnete inverse Stromvektorstern 01′, 03′, 02′ (vergl. A, Kap. I, Abs. 4), nur stehen die entsprechenden Phasenströme in Opposition zu einander. Daher erscheinen auch in Versuch *b* und *c* die Spannungen, die vom so gebildeten inversen Feld induciert werden, um 180° gedreht.

Berücksichtigt man diesen Umstand, so soll in jedem Zeitmoment *t* bei geschlossenem Erregerkreis die Spannungsdifferenz *a*—*b* die resultierende Spannung *d*, bei offenem Erregerkreis die Spannungsdifferenz *a*—*c* die resultierende Spannung *e* liefern; denn nach dem Gesetze der Superposition ist die Gesamtwirkung der komponentalen Felder gleich der Wirkung des resultierenden Ankerfeldes bei einphasiger Belastung. Besagte Beziehungen zwischen den einzelnen Kurvenzügen in Fig. 25 und 26 treffen auch tatsächlich mit ziemlicher Genauigkeit zu, was vor allem daraus ersichtlich ist, daß Schnittpunkte der Kurven *b* bzw. *c* mit der Nullinie gleichzeitig Schnittpunkte der Kurven *d* bzw. *e* mit Kurve *a* bedingen; ferner, daß gemeinsame Momentanwerte der Kurven *b* und *c* immer dort auftreten, wo sich die Kurven *d* und *e* kreuzen.

Als Ergebnis dieser Versuche gewinnen wir nun folgende mit der Theorie im Einklang stehende Erkenntnis: Bestünde das synchrone Ankerfeld für sich allein, so hätte die Einphasenspannung bei der üblichen Wicklungsanordnung ($z_1 = {}^2/_3\, z_{10}$) genau dieselbe Sinusform wie die verkettete Drehstromspannung (Kurve *a*); da aber zugleich das inverse Feld

[1]) Vor und nach der Phasenvertauschung muß der Stromvektor 0,3 bezw. 0(3′) mit der Leerlaufspannung der Phase III denselben Winkel (ϑ) einschließen. Die Erfüllung dieser Bedingung ermöglichte die Benutzung der Hilfsmaschinen sowie eine entsprechende Regulierung des verstellbaren Rotors von Transformator A. M. (Fig. 19 S. 49.)

zur Wirkung kommt, so erfährt die Spannungskurve durch das Hinzutreten einer dritten Oberwelle sowohl bei offener wie namentlich bei geschlossener Magnetwicklung eine nicht unwesentliche Verzerrung. Außerdem erfolgt auch eine Größenänderung der ersten Harmonischen, die sich bei ungedämpftem Ankerfeld (offener Erregerkreis, Kurve *e*) selbstverständlich deutlicher bemerkbar macht, als bei gedämpftem (geschl. Erregerkreis, Kurve *d*).

Um diese Verhältnisse etwas genauer zu untersuchen, sollen jetzt die vom inversen Feld induzierten Spannungen berechnet und mit den entsprechenden Spannungskurven *b* und *c* der Figuren 25 und 26 verglichen werden.

Für $J_1 = 6{,}1$ Ampere ergeben sich rechnerisch mit den Größen $k_{g_{11}} = 0{,}53\ \Omega$; $k_{q_{11}} = 0{,}286\ \Omega$ und $\sigma_2 = 0{,}17$ (s. A, Kap. III, 5 c) die Effektiv- bzw. die Momentanwerte der ersten und dritten Harmonischen:

α) bei offenem Erregerkreis (Gl. 30 und 31) zu:

$$1.\ \text{H.}:\ \dot{E}_{g_{11}} + \dot{E}_{q_{11}} = j\,(k_{g_{11}} + k_{q_{11}})\,\dot{J}_1 = 4{,}97 \text{ Volt}$$

$$e_{g_{11}} + e_{q_{11}} = -\sqrt{2} \cdot 4{,}97 \cdot \cos\left(\frac{2\pi}{T}\,t - \vartheta\right)$$

$$3.\ \text{H.}:\ \dot{\overset{3}{E}}_{g_{11}} + \dot{\overset{3}{E}}_{q_{11}} = j \cdot 3\,(k_{g_{11}} - k_{q_{11}})\,\dot{J}_1 = 4{,}45 \text{ Volt}$$

$$\overset{3}{e}_{g_{11}} + \overset{3}{e}_{q_{11}} = -\sqrt{2} \cdot 4{,}45 \cdot \cos\left(3 \cdot \frac{2\pi}{T}\,t - \vartheta\right);$$

β) bei geschlossenem Erregerkreis (Gl. 47 und 48 s. auch unter A, Kap. III, 5 c) zu:

$$1.\ \text{H.}:\ \dot{E}_i = j\left(k_{q_{11}} + k_{g_{11}}\,\frac{\sigma_2}{1+\sigma_2}\right)\dot{J}_1 = 2{,}21 \text{ Volt}$$

$$e_i = -\sqrt{2} \cdot 2{,}21 \cdot \cos\left(\frac{2\pi}{T}\,t - \vartheta\right)$$

$$3.\ \text{H.}:\ \dot{\overset{3}{E}}_i = -j\,3\left(k_{q_{11}} - k_{g_{11}}\,\frac{\sigma_2}{1+\sigma_2}\right)\dot{J}_1 = 3{,}85 \text{ Volt}$$

$$\overset{3}{e}_i = \sqrt{2} \cdot 3{,}85 \cdot \cos\left(3\,\frac{2\pi}{T}\,t - \vartheta\right).$$

Wollen wir die so ermittelten E. M. K.e als Funktionen der Zeit bei einer inneren Phasenverschiebung von $\vartheta = 0^0$ bzw. $\vartheta = 90^0$ auftragen und zu den Klemmen-Spannungen *b* und *c* (s. o.) in Beziehung bringen, so müssen wir beachten, daß letztere Kurven auch Spannungskomponenten enthalten, die durch das Nuten- und Stirn-Streufeld der Maschine, sowie den ohmschen Widerstand der Ankerwicklung verursacht sind. Der ohmsche Spannungsabfall kann nun näherungsweise vernachlässigt, die in Phase I, II induzierte Streuspannung (E'_σ) dagegen muß berücksichtigt werden. Ihre Größe ist durch den Ausdruck gegeben:

$$E'_\sigma = \sqrt{3} \cdot k_\sigma \cdot J_\varphi = k_\sigma \cdot J \qquad \left[J_\varphi = \frac{J}{\sqrt{3}} \text{ s. Gl. 10}\right]$$

wenn k_σ die Streureaktanz pro Phase bei Drehstrombelastung bezeichnet, die zu 0,31 Ω gefunden wurde (s. unter B, Kap. III, 2).

Da aber die totale Nuten- und Stirn-Streuspannung E_σ bei einphasigem Betrieb[1]) einer Drehstrommaschine den Wert besitzt:

$$E_\sigma = 2\,k_\sigma \cdot J \qquad (J \text{ Einphasenstrom}),$$

so ist offenbar die vom inversen (bzw. synchronen) Feld bedingte E. M. K. der Streuung E'_σ halb so groß und phasengleich mit E_σ, d. h. sie eilt dem Strome J um 90° nach. Mithin muß bei der graphischen Darstellung der oben unter α und β berechneten Momentanspannungen jeweils zur ersten Harmonischen ein additives Glied:

$$e'_s = -\sqrt{2} \cdot k_\sigma \cdot J \cdot \cos\left(\frac{2\,\pi}{T}\,t - \vartheta\right)$$

$$= -\sqrt{2} \cdot 1{,}90 \cdot \cos\left(\frac{2\,\pi}{T}\,t - \vartheta\right)$$

hinzugefügt werden. Auf diese Weise erhalten wir bei einer inneren Phasenverschiebung von 0° die Spannungskurven *b* und *c* der Fig. 27, bei einer inneren Phasenverschiebung von 90° die Spannungskurven *b* und *c* der Fig. 28. Der Abszissen- und Ordinaten-Maßstab ist hierbei identisch mit dem der Fig. 29 und 30, die uns zum Vergleich die Kurven *b* und *c* der Oszillogramme (Fig. 25 und 26) wiedergeben. Wie deutlich zu sehen, stimmen bei kurz geschlossener Erregerwicklung (Kurven *b*) die Resultate nach Rechnung und Versuch qualitativ gut überein, weniger gut dagegen bei geöffnetem Erregerkreis (Kurven *c*). Hier kommt die dritte Harmonische rechnerisch mehr zur Geltung als experimentell. Der Grund liegt in der tatsächlich nicht vollkommen zutreffenden Annahme, daß die

[1]) s. Pichelmayr, Handbuch d. Elektrotechnik. Bd. V, S. 258. Dieses Resultat ergibt sich unter der Annahme, daß die Streufelder der einzelnen Phasen voneinander unabhängig sind.

Wirbelströme im Erregersystem, speziell die Dämpfungsströme in den Spulschildern[1]), zu vernachlässigen seien. Die Größe der dritten Harmonischen ist nämlich theoretisch der Differenz der Reaktanzen $k_{g_{11}} - k_{q_{11}}$ oder anders ausgedrückt der Differenz zwischen dem inversen Gegen- und dem inversen Quer-

Vom inversen Feld induzierte Ankerspannungen.
Kurven b geschlossener, Kurven c offener Erregerkreis. $i_m = 0$; $J_1 = 6{,}1$ Amp.

1. Berechnete Kurven.

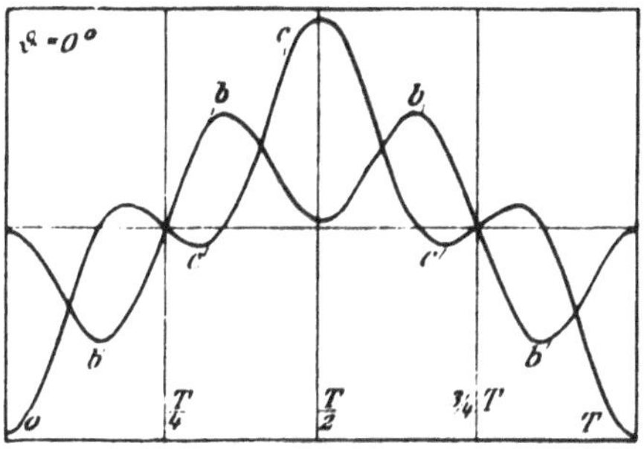

Fig. 27.

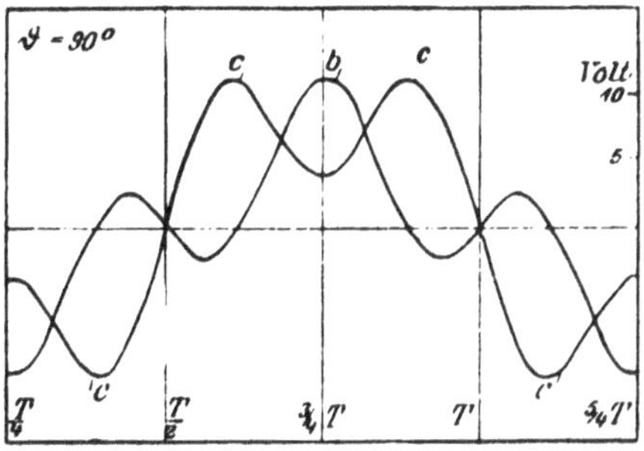

Fig. 28.

2. Experimentell ermittelte Kurven.

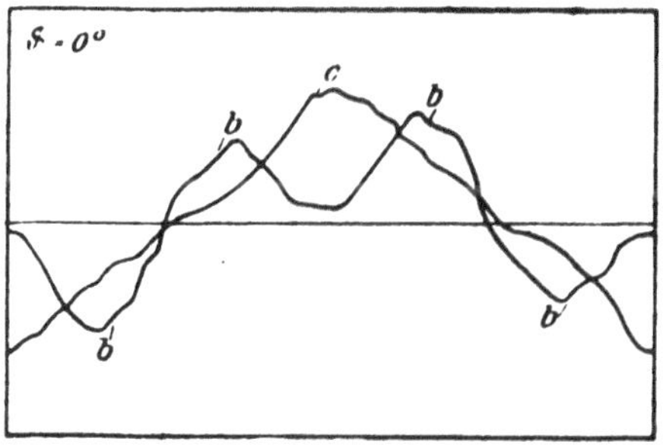

Fig. 29.

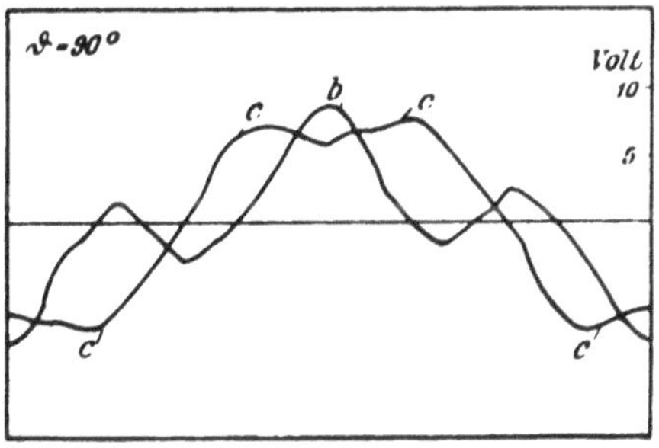

Fig. 30.

feld direkt proportional. Nun erfährt aber das inverse Gegenfeld durch die Ströme, die es in den Spulenschildern erzeugt, eine nicht unwesentliche Dämpfung, während das inverse Querfeld hiervon unbeeinflußt bleibt. Folglich ist diese Differenz und dementsprechend auch die dritte Harmonische in Wirklichkeit kleiner als nach Rechnung. Wird das inverse Gegenfeld bei unveränderter Intensität des inversen Querfeldes noch weiter abgedämpft, so daß es nahezu ganz verschwindet, wie dies bei Kurzschluß der Erregerwicklung tatsächlich der

[1]) Vergl. Anmerkung auf S. 54.

Fall ist, dann erhält die besagte Differenz einen negativen Wert und demgemäß muß auch die dritte Harmonische ihre Richtung umkehren, was die Kurven *b* der Fig. 29 und 30 bzw. die Kurven *d* der Fig. 25 und 26, S. 59, sichtlich bestätigen.

b) Einfluß der inneren Phasenverschiebung auf die Form der Spannungskurve.

Erregung und Belastung konstant.

Die eben erwähnten Spannungsbilder lassen aber noch weiter erkennen, daß bei konstanter Erregung ($i_{\overline{m}} = 0$) und

Einfluß der inneren Phasenverschiebung ϑ auf
Erregung und Belastung konstant: $i_{\overline{m}} = 0$; $J = 20$ Amp.

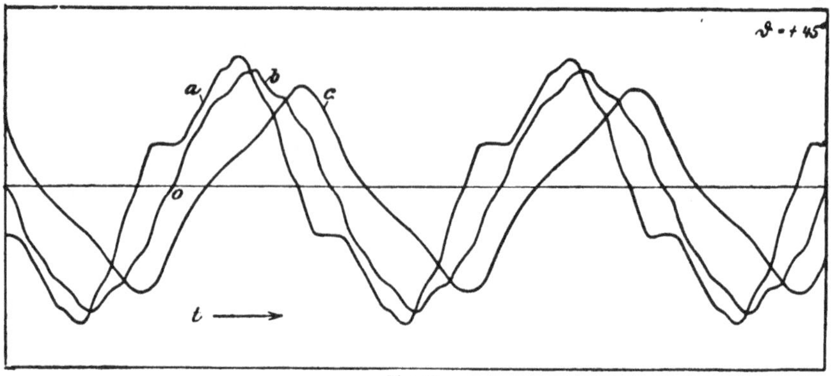

Fig. 31.

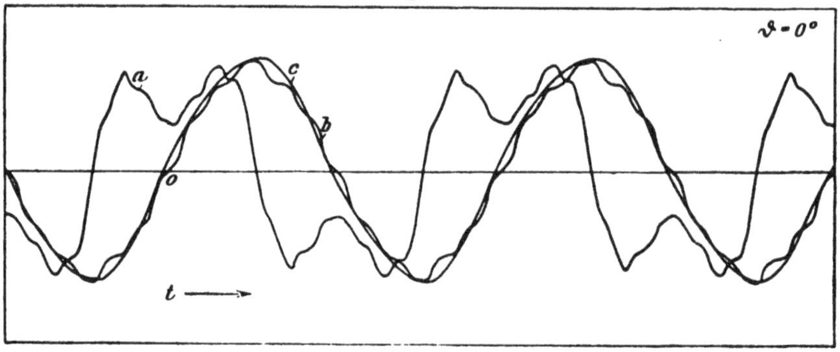

Fig. 32.

konstantem Ankerstrom die innere Phasenverschiebung (ϑ) einen sehr wesentlichen Einfluß auf die Form der Spannungskurve ausübt. Um diese Erscheinung noch deutlicher hervorzuheben, wurden bei kurzgeschlossenem Erregerkreis und einem Ankerstrom von 20 Ampere unter Veränderung des Winkels ϑ vier

Oscillogramme aufgenommen (Fig. 31—34), die uns die verzerrte Klemmenspannung bei Belastung *a*, daneben die nahezu sinusförmige[1]) Leerlaufspannung *b*, sowie die Stromkurve *c* veranschaulichen. Hierbei ergaben sich folgende Versuchswerte ($\nu = 40 \sim$):

Figur	31	32	33	34
Innere Phasenverschiebung ϑ	$+45^0$	0^0	-45^0	$\mp 90^0$ [2])
Eff. Klemmenspannung in Volt Δ	34,2	31	34,1	35,6
Aufgenommene Leistung in Watt W	—197,5	— 82	—32,5	—116
Äußere Phasenverschiebung φ zwischen der ersten Harmonischen von Strom und Spannung (Nullmethode s. S. 52)	76^0	$81^0 40'$	$89^0 47'$	81^0

die Kurvenform der Ankerspannung (*a*).
Kurve *b*: Leerlaufspannung. Kurve *c*: Ankerstrom.

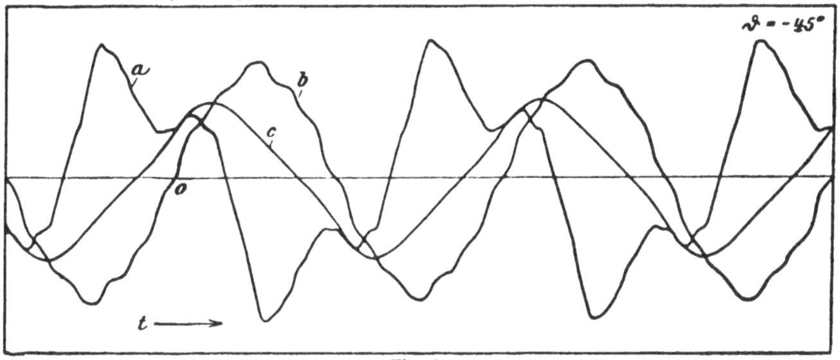

Fig. 33.

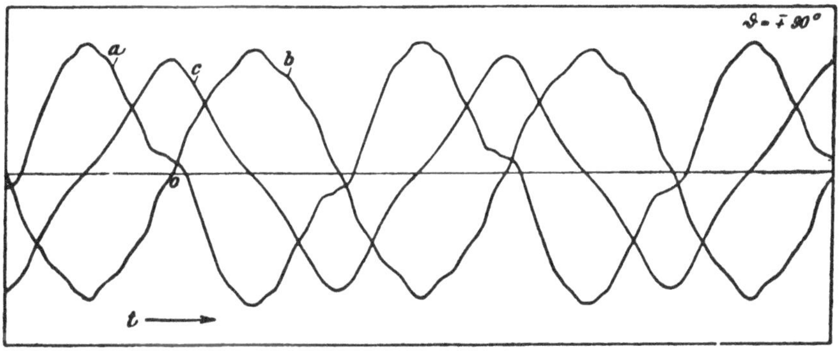

Fig. 34.

Durch Wahl derselben Empfindlichkeit der Meßschleife erhielten die Kurven *a* in Fig. 31—34 den nämlichen Maß-

[1]) Die sichtbaren Oberwellen sind durch die Nutung des Ankers verursacht (6 Nuten pro Pol). [2]) Bei unerregten Polen erhält man für die Phasenverschiebung $\vartheta = \mp 90^0$ identische Kurvenbilder und Meßwerte.

stab, so daß sie direkt miteinander vergleichbar sind[1]). Die Veränderung der Kurvengestalt ist auf die vom inversen Feld induzierte dritte Oberwelle zurückzuführen, welche sich bei Variation des Winkels ϑ relativ zur Grundwelle verschiebt. Für die Belastungsfälle $\vartheta = 0^0$ und $\vartheta = 90^0$ wurde bereits im vorhergehenden Abschnitt experimentell und an Hand der auf S. 61 unter β angegebenen Gleichung auch rechnerisch dargelegt, wie der charakteristische Kurvenverlauf zustande kommt; denn die Kurven *d* der Fig. 25 und 26, S. 59, sind formell identisch mit den Kurven *a* der Fig. 32 und 34. Da nun bei anderen Werten der inneren Phasenverschiebung das Verfahren ein analoges ist, so soll hier nicht weiter darauf eingegangen werden.

III. Untersuchung der erregten Maschine.

1. Einfluß der Erregung auf die Form der Spannungskurve.

Belastung und innere Phasenverschiebung konstant.

Variieren wir jetzt statt der inneren Phasenverschiebung die Erregung und halten die beiden anderen Faktoren, den Primärstrom J und den Winkel ϑ, konstant, so muß das Bild der Spannungskurve auch hierbei wieder eine Umgestaltung erfahren und zwar aus zwei Gründen:

Einmal ändert die erste Harmonische ihre Größe, während die dem Strom proportionale dritte Harmonische, solange der magnetische Widerstand des Eisens keine Rolle spielt, unverändert bleibt; sodann verschiebt sich die Grundwelle der Klemmenspannung Δ mit ab- oder zunehmender Erregung gegenüber der festen Richtung der sinoidalen Leerlaufspannung und damit auch gegenüber der dritten Oberwelle, die unter der Bedingung $\vartheta =$ konstant ihre Lage unabhängig von der Erregung beibehält. Die Oszillogramme Fig. 35—38 geben hierüber näheren Aufschluß. Sie zeigen die verzerrte Klemmenspannung bei Belastung *a*, dazu die Leerlaufspannung *b* und den Strom *c*. Bei der oszillographischen Aufnahme mußte

---

[1]) Die Klemmenspannungen *a* wurden um 180° gedreht, da es üblich ist, Strom und Spannung bei einem Motor so aufzutragen, daß eine positive Leitung resultiert.

natürlich, entsprechend der Änderung der Erregung, die Spannungsempfindlichkeit der Meßspule jeweils variiert werden, wie aus den auf den Figuren verzeichneten Maßstäben[1]) zu ersehen ist. Da bei dem gewählten Winkel $\vartheta = 0^0$ Strom- und Leerlaufspannungskurve in Phase kommen, so wurde letztere aus Gründen der Übersichtlichkeit um 180^0 gedreht. Um ferner die dritte Harmonische deutlich hervortreten zu lassen, erfolgte die Belastung der Maschine mit dem zirka 1,4fachen des Normalstromes, d. h. mit 34 Ampere. Über die bei $\nu = 40$ Perioden gemessenen Werte der effektiven Klemmenspannung $\varDelta$ in Volt, des Gleichstroms $i_{\overline{m}}$ bzw. des Wellenstromes J_w der Erregerspulen in Amp., der Leistung W in Watt und schließlich der äußeren Phasenverschiebung φ ($= \alpha$) zwischen den ersten Harmonischen (Nullmethode) orientiert die Tabelle Ia. (s. S. 87).

Nachdem nun bei einphasigem Betrieb der Versuchsmaschine gerade $^2/_3$ der bewickelten Nuten pro Pol für die Erzeugung der Spannung in Frage kommen, kann die in der Spannungskurve a erscheinende dritte Harmonische nicht teilweise vom synchronen, sondern ausschließlich nur vom inversen Ankerfeld hervorgerufen sein (vgl. auch S. 17). Es ermöglichen daher vorstehende Versuche eine mehr quantitative Prüfung der schon bekannten Gleichung:

$$\overset{3}{e_i} = \sqrt{2} \cdot \overset{3}{E_i} \cos\left(3 \frac{2\pi}{T} t - \vartheta\right) \qquad \text{oder}$$

$$\overset{3}{e_i} = \sqrt{2} \cdot J\left[k_{q_{11}} - k_{g_{11}} \frac{\sigma_2}{1+\sigma_2}\right] \cdot \sin\left(3 \frac{2\pi}{T} t + 90^0 - \vartheta\right)$$

bzw. in unserem Falle bei $J = 34$ Amp. und $\vartheta = 0^0$:

(über $k_{q_{11}}$, $k_{g_{11}}$ u. σ_2 s. S. 42)

$$\overset{3}{e_i} = \sqrt{2} \cdot 21{,}4 \sin\left(3 \frac{2\pi}{T} t + 90^0\right) \text{Volt},$$

und das um so mehr, als der Stromverlauf infolge der hohen Selbstinduktion im Ankerkreis fast vollkommene Sinusform erhielt, wie es bei Entwicklung des obigen Rechnungsergebnisses angenommen wurde. Zu diesem Zwecke mußte eine

[1]) Diese gelten auch für die Leerlauf-E. M. K., die zum Vergleich jeweils so einreguliert wurde, daß ihr Effektivwert mit dem der Klemmenspannung $\varDelta$ übereinstimmte.

Auflösung der linearen Spannungsdiagramme *a* in Harmonische vorgenommen werden, wozu der Kurvenanalysator[1]) von Dr. Ing. Mader benutzt wurde. Die Resultate der Analyse finden sich in Tab. I b S. 87. Δ^1 und Δ^3 bezeichnen hierbei die effektiven Größen

Einfluß der Erregung auf die Kurven-
Innere Phasenverschiebung und Belastung konstant; $\vartheta = 0^0$; $J = 34$ Amp.
$i_m = 0$ Amp.

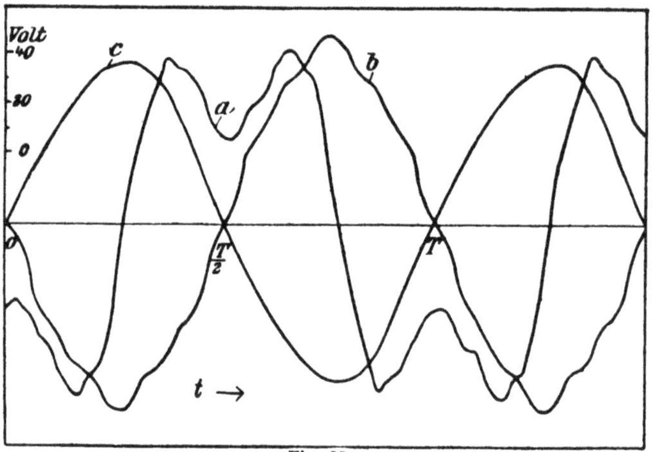

Fig. 35.

$i_m = 0,7$ Amp.

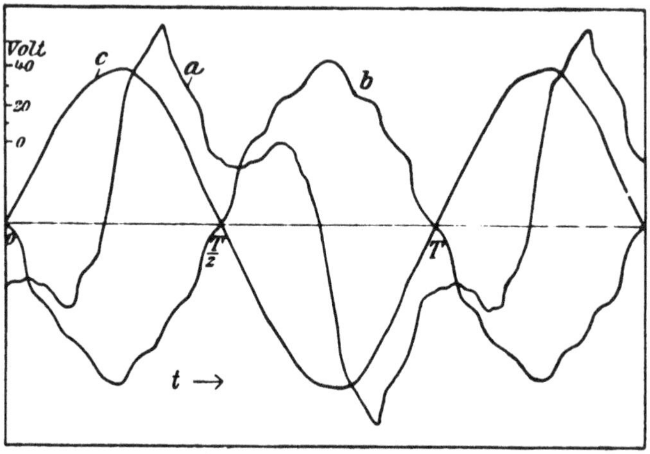

Fig. 36.

der ersten und dritten Harmonischen in Volt, Δ die daraus resultierende effektive Spannung, welche unter Vernachlässigung

[1]) Beschreibung s. E. T. Z., 1909, S. 847.

der unbedeutenden höheren Harmonischen (fünfte, siebente usw.) der am Voltmeter abgelesenen Klemmenspannung entspricht. Aus letzterem Wert ergab sich nach der Beziehung:

$$\Delta = x \cdot \sqrt{(\Delta^1)^2 + (\Delta^3)^2}$$

form der Ankerspannung (*a*).

b bzw. *c* Kurven der Leerlaufspannung und des Ankerstromes.

$i_m = 1{,}4$ Amp.

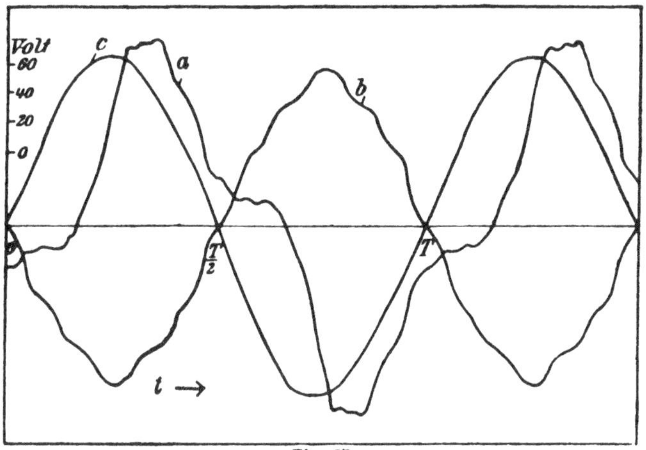

Fig. 37.

$i_m = 2{,}2$ Amp.

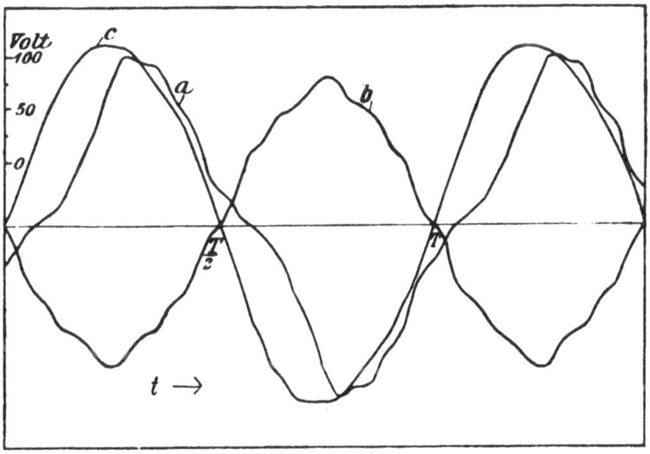

Fig. 38.

der Spannungsmaßstab der einzelnen Oszillogramme, wenn jetzt Δ^1 und Δ^3 die durch Analyse ermittelten effektiven Größen der ersten und dritten Harmonischen in mm und x

die gesuchte Voltzahl pro 1 mm bedeuten. Durch die Analyse erhalten wir neben der Größe der dritten Oberwelle auch ihre Verschiebung (Winkel ψ) gegenüber dem Anfangspunkt der Zeitzählung $t = 0$, der durch den mit Null bezeichneten Schnittpunkt der Leerlaufspannung mit der Horizontalen bestimmt ist. Vergleicht man nun die Zahlen in den Rubriken Δ^3 und ψ der Tab. I b (s. S. 87) mit dem theoretischen Spannungswert $\overset{3}{E_i} = 21{,}4$ Volt und dem theoretischen Verschiebungswinkel von 90^0 (s. o.), so zeigt sich eine ziemlich gute Übereinstimmung zwischen Rechnung und Versuch. Selbst ohne Analyse ist die Übereinstimmung in der Lage schon zu erkennen. Denn laut der für die dritte Harmonische geltenden trigonometrischen Funktion (s. o.) muß bei großen äußeren Phasenverschiebungen φ eine Einsattelung der Spannungskurve a im Moment $t = 0$, bzw. $t = \frac{T}{2}$ erfolgen, die in Fig. 35—37 deutlich zum Ausdruck kommt.

Um eine Kontrolle für die Genauigkeit des Winkelmeßverfahrens zu erhalten, wurde aus den Oszillogrammen auch der äußere Phasenwinkel φ zwischen den ersten Harmonischen von Strom und Spannung ermittelt, der sich mit dem entsprechenden nach der Nullmethode gefundenen Meßwert befriedigend deckt (s. Tab. I a und b).

Von besonderem Interesse sind ferner die bisher noch unerwähnten Kolumnen $\frac{\Delta^3}{\Delta_1}$ und $\frac{\Delta}{\Delta_1}$ der Tab. I b. Sie beweisen nämlich die Unmöglichkeit eines lediglich die ersten Harmonischen berücksichtigenden Spannungsdiagrammes bei schwacher Erregung und starker Belastung (z. B. $i_{\overline{m}} = 0{,}7$ Amp., $J = 34$ Amp.: $\frac{\Delta^3}{\Delta_1} = 0{,}496$; $\frac{\Delta}{\Delta_1} = 1{,}14$), dagegen seine Möglichkeit bei angenähert normalem Verhältnis von Erreger- zu Ankeramperewindungen. Denn obwohl die größte für Oszillogramme (Fig. 38) gewählte Erregung von 2 Amp. noch beträchtlich unter der normalen von ca. 3 Amp. liegt und die Belastung die normale um etwa 40% übersteigt, unterscheidet sich doch die mit Hitzdrahtvoltmeter gemessene Klemmenspannung Δ nur um 1,7% von dem Effektivwert der ersten Harmonischen Δ^1. Unter normalen Betriebsverhältnissen wird also die Abweichung so geringfügig sein, daß die resultierende erste Harmonische des Vektordiagrammes als Klemmenspannung angesprochen werden kann. Bevor wir aber an den experimentellen Nachweis dieser Folgerung herantreten, müssen wir zunächst die Unterlagen für die Diagrammkonstruktion gewinnen, d. h. die Maschinenkonstanten bestimmen.

2. Ermittlung der Streureaktanz k_σ und der Gegenamperewindungen AW_g.

Entwirft man das aus Fig. 11, S. 20 bekannte Diagramm unter Vernachlässigung des meist unbedeutenden ohmschen Widerstandes für den Fall einer rein induktiven Belastung ($\varphi = 90^0$), so erhält es die in Fig. 39 rechts gegebene Gestalt. Dabei fällt die Klemmenspannung $\Delta = RP = RQ$ in eine Richtung mit der Streuspannung $E_\sigma = NP$ und der vom Hauptfeld induzierten Spannung $E_R = NR$. Da ferner die innere Phasenverschiebung, d. h. der Winkel ϑ die maximale Größe von 90^0 annimmt, so subtrahiert sich der volle Betrag der Gegenamperewindungen $AW_g = NL'$ von den Magnetamperewindungen $AW_m = ML'$.

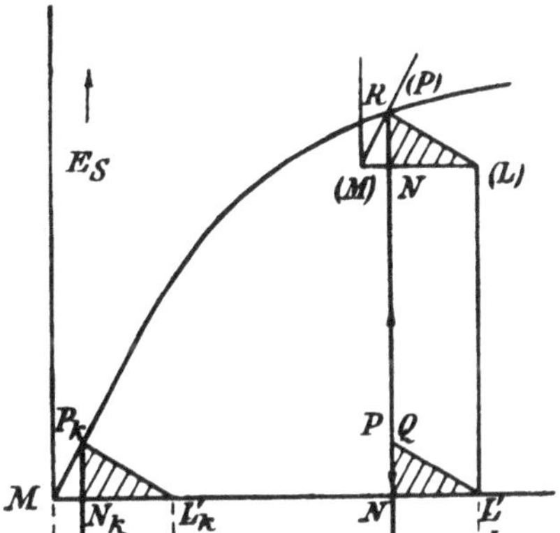

Fig. 39.

Aus dem Diagramm für rein induktive Belastung entsteht sofort das in Fig. 39 links befindliche Kurzschlußdiagramm, wenn bei konstantem Strom die Klemmenspannung $\Delta = RP$ durch Verminderung der Erregung auf den Wert Null gebracht wird.

Die beiden Diagramme haben jetzt offenbar zwei Stücke gemeinsam und zwar die zwei Katheten der schraffierten rechtwinkligen Dreiecke: PNL' und $P_K N_K L'_K$. Auf diesem Umstand fußt nun die graphische Konstruktion zur

Ermittlung der Größen E_σ und AW_g, vorausgesetzt, daß folgende Versuchsdaten vorliegen:

Nämlich die bei einer bestimmten Erregung ML' und einem bestimmten (rein) induktiven Belastungsstrome J auftretende Klemmenspannung L' (L), sodann die zum Kurzschlußstrom $J_K = J$ notwendige Erregung ML'_K. Das Verfahren ist dasselbe wie bei Dreiphasenmaschinen (s. St. T., S. 518); denn das in Fig. 11, S. 20 dargestellte allgemeine Diagramm, aus dem die Spezialfälle der Fig. 39 hervorgingen, gilt bekanntlich auch für die Phase eines Drehstromgenerators.

Man verschiebt die Strecke ML'_K mit samt dem geradlinigen Teil der Leerlaufcharakteristik parallel zu sich selbst, bis L'_K mit (L) zur Deckung kommt. Dabei ergibt sich R

Kurvenform des Kurzschluß-Stromes in der Ankerwicklung (J_k).

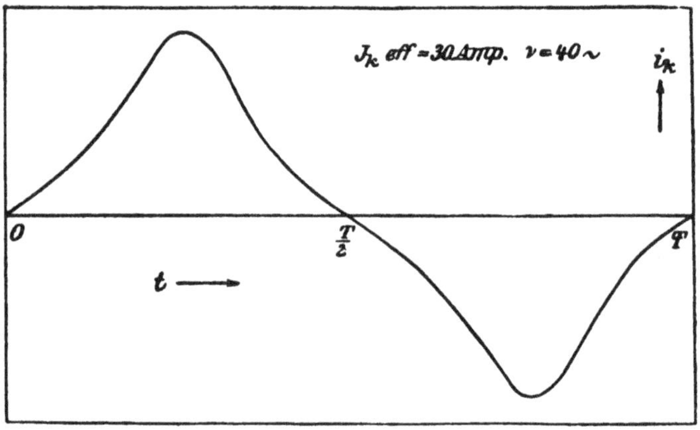

Fig. 40.

als Schnittpunkt der beiden Charakteristiken und somit als Eckpunkt des Dreiecks R (N) L, dessen Katheten die gesuchten Größen E_σ und AW_g bilden.

Vorstehende Methode liefert natürlich bei Drehstromgeneratoren etwas bessere Resultate als bei Einphasenmaschinen, da sich hier die Wirkungen des inversen Feldes in doppelter Hinsicht störend bemerkbar machen:

1. Bei Kurzschluß der Ankerwicklung muß die dritte Oberwelle der vom Ankerfeld erzeugten Spannung eine ausgesprochene dritte Harmonische des Stromes zur Folge haben,

Leerlauf-Kurzschluß — Induktive Belastungs-Charakteristik für drei- und einphasigen Betrieb.

$J_1\varphi = J_3\varphi = 20$ Amp.; $\nu = 40{,}75$ Perioden; Phasenwinkel $\varphi = 80^0$.

Querreaktanz $k_{q1\varphi}$ als Funktion der Erregung bei $\nu = 40$ Perioden.

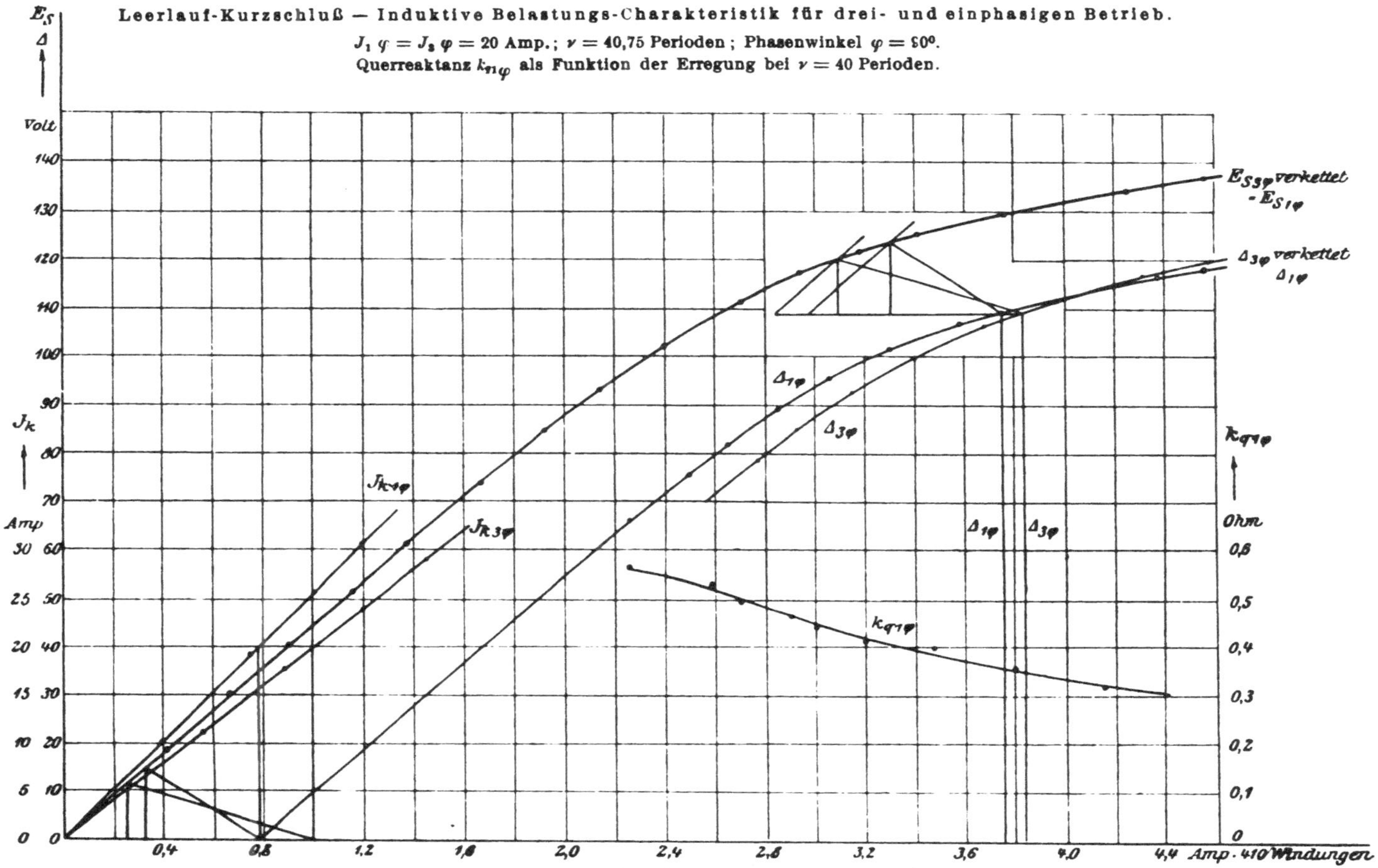

Fig. 41.

nachdem die Impedanz des Ankerkreis ihren Minimalwert besitzt. Dies beweist die verzerrte Stromkurve der Fig. 40, welche unter Einhaltung konstanter Werte des Kurzschluß-Stromes (J_K eff. = 30 Amp.), des Erregerstromes ($i_{\overline{m}}$ = 1,2 Amp.) und der Periodenzahl (ν = 40) punktweise mit Kontaktmacher aufgenommen wurde.

2. Zur Streuspannung E_σ addiert sich eine vom inversen Feld hervorgerufene zusätzliche Komponente (s. unter A, Kap. III 5 c), die im Gegensatz zu E_σ von der Erregung abhängig ist, und daher ein Maximum im ungesättigten, ein Minimum im gesättigten Zustand der Maschine aufweist. Obige Methode wird somit für E_σ einen etwas größeren Wert ergeben, als er lediglich durch das Nuten- und Stirnstreufeld bedingt wäre.

Bei der Versuchsmaschine wurden nun die Größen E_σ und AW_g pro Ampere für einphasigen und zum Vergleich auch für dreiphasigen Betrieb ermittelt. Fig. 41 zeigt die Leerlaufkurve, sodann die induktiven Belastungscharakteristiken (hierbei jeweils $\varphi = 90^0$, $J = 20$ Amp.) und schließlich die Geraden für die Kurzschlußströme in Abhängigkeit von der Erregung. Bei Drehstrombelastung ist an Stelle der Phasenspannung die verkettete aufgetragen. In allen Fällen wurden 815 Touren gleich 40,75 Perioden konstant gehalten. Mit Hilfe dieses Kurvenmaterials konnte die bekannte graphische Konstruktion für eine Reihe von Belastungspunkten wiederholt werden (in der Figur ist sie nur für je einen Punkt ausgeführt), wodurch sich folgende Mittelwerte ergaben:

Gegenamperewindungen pro Pol und Ampere (410 Wdgn. pro Pol):

einphasig 0,0227 · 410 = 9,3 AW.

dreiphasig 0,0373 · 410 = 15,3 AW.

Verhältnis $\begin{cases} \text{experimentell} & \dfrac{15,3}{9,3} = 1,65 \\ \text{theoretisch} & \sqrt{3} \quad = 1,73 \end{cases}$

Streureaktanz $k_\sigma = \dfrac{E_\sigma}{J}$ auf 40 Perioden reduziert:

einphasig 0,70 Ω

dreiphasig 0,31 Ω

pro Phase

Verhältnis $\begin{cases} \text{experimentell} & \dfrac{0,70}{0,31} = 2,24 \\ \text{theoretisch} & \quad = 2,0. \end{cases}$

Ziehen wir jetzt die Formel 21, S. 19) heran, um das experimentelle Ergebnis auch rechnerisch nachzuprüfen, so finden wir mit den Daten auf S. 31 u. 32 für die Gegenamperewindungen bei einphasiger Belastung den sehr gut übereinstimmenden Wert:

$$\frac{A W_g}{J} = \frac{\sqrt{2}}{\pi} \cdot w_1 \cdot \frac{\sin \frac{\pi \cdot \alpha}{2}}{\frac{\pi \cdot \alpha}{2}}$$

$$= \frac{\sqrt{2}}{\pi} \cdot 26{,}8 \cdot \frac{\sin 67^0\,30'}{\pi \cdot 0{,}375} = 9{,}43 \text{ A.W.}$$

Nach einer früher gegebenen Begründung (s. unter A, Kap. I, Abs. 4) muß ferner bei Drehstrombetrieb die Ankerrückwirkung und somit die Zahl der Gegenamperewindungen $\sqrt{3}$ mal größer sein als bei Einphasenbetrieb, wenn, wie hier in beiden Fällen, die gleiche Strombelastung gewählt wird. Auch diese Beziehung findet durch den Versuch eine befriedigende Bestätigung (s. o.).

Dagegen liefert das Verhältnis der Streureaktanzen einen um etwa 12% höheren Wert als die Größe 2, die man erwarten sollte (s. S. 62 Anmerkung). Denken wir aber an den Einfluß des inversen Feldes, der eine Zunahme der Einphasenstreureaktanz bewirkt (s. o.), so haben wir sofort eine Erklärung für diese Abweichung.

3. Bestimmung der Querreaktanz k_q.

Gl. 19, S. 17, läßt erkennen, daß die Querspannung E_q bei konstant bleibender Belastung ihr Maximum erreicht, wenn der innere Phasenverschiebungswinkel ϑ den Wert Null annimmt. In diesem Falle kann daher die Querreaktanz k_q experimentell am genauesten bestimmt werden. Die wattlose Komponente der Klemmenspannung $\Delta \sin \varphi$ (φ negativ) stellt dann nach dem Vektordiagramm Fig. 42 die Summe der Spannungen $E_\sigma + E_q$ dar, so daß die Widerstandsgröße k_q aus der einfachen Beziehung gewonnen wird:

$$k_q = \frac{\Delta \sin \varphi}{J} - k_\sigma .$$

Für k_σ ist hierbei der bereits bekannte Wert von 0,7 Ω einzuführen. Da nun die magnetische Leitfähigkeit im

Schließungskreise des Querfeldes nicht unwesentlich von der Höhe der Induktion in den Eisenteilen, namentlich in den Zähnen, abhängt, so verliert k_q den Charakter einer Konstanten, sobald die Erregung geändert wird. Dies zeigt die Kurve $k_q = f(i_m)$ in Fig. 41, welche sich mit Hilfe der Versuchswerte in Tab. II (s. S. 87) auf rechnerischem Wege ergab. Bei der Durchführung des Versuches wurde neben dem inneren Phasenwinkel $\vartheta = 0^0$ und der Periodenzahl $\nu = 40$ auch der Strom $J = 30$ Amp. konstant gehalten; denn die Querreaktanz variiert bei ein und derselben Erregung in geringem Maße auch mit der Größe der Belastung. Eine untere Grenze für die Erregungsänderung war bei etwa 2,2 Amp. geboten, nachdem die Oszillogramme Fig. 35—38 deutlich bekunden, daß jenseits dieser Grenze die effektive Klemmenspannung mit abnehmender Erregung immer mehr durch die dritte Oberwelle beeinflußt wird.

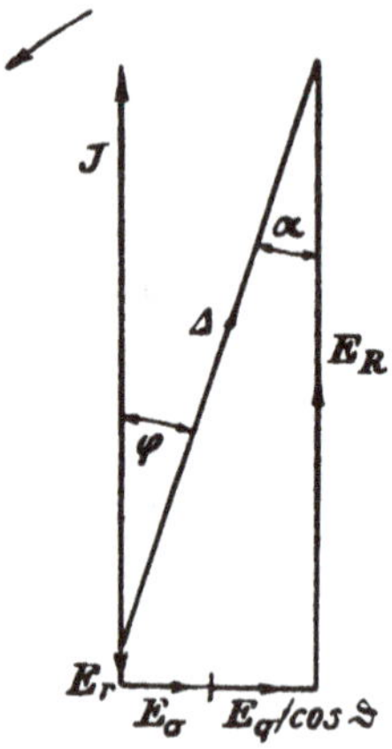

Fig. 42.

Die rechnerische Kontrolle des experimentellen Resultates an Hand der Formel 19 bietet insofern eine Schwierigkeit als die der jeweiligen Sättigung des Eisens entsprechende Größe des reduzierten Luftraums δ''_q nicht bekannt ist. Im ungesättigten Zustand fand sich früher der Luftraum mit Berücksichtigung der Kraftlinienkonzentration an den Zähnen zu 3,35 mm. Schätzt man jetzt die Widerstandszunahme bei der normalen Erregung von ca. 3 Amp., zu 20 — 30 % im Mittel 25 %, so liefert Gl. 19 für k_q den Wert:

$$k_q = c_q \cdot \frac{16\pi}{10} \cdot \frac{R \cdot L}{\delta''_q} \cdot \nu \cdot w_1^2 \cdot 10^{-8}$$

$$= 0{,}525 \cdot \frac{16\pi}{10} \cdot \frac{11{,}75 \cdot 21{,}5}{3{,}35 \cdot 1{,}25} \cdot 40 \cdot 26 \cdot 8^2 \cdot 10^{-8}$$

$$= 0{,}452\ \Omega,$$

der sich von dem experimentellen Ergebnis fast nicht unterscheidet (s. Fig. 41, S. 73). Mit Umgehung der Schätzung läßt sich δ''_q für eine gegebene Erregung vorausbestimmen, wenn bei der Berechnung der Leerlauf-Charakteristik einer Maschine der Zusammenhang zwischen der maximalen Feldstärke im Luftraum H_m und der Summe der M. M. K.e für Anker, Zähne und Luft $M_a + M_z + M_l$ ermittelt wird. Es gilt dann für δ''_q die approximative Beziehung:

$$\delta''_q = \frac{M_a + M_z + M_l}{H_m}.$$

Um die praktisch wichtige Parallele zwischen den Konstanten desselben Modells bei ein- und dreiphasigem Betrieb hier fortzuführen (vgl. S. 74), sei noch bemerkt, daß die Drehstrom-Querreaktanz pro Phase und die Einphasen-Querreaktanz theoretisch identisch sind ($z_1 = {}^2/_3\, z_{10}$ angenommen), wenn δ''_q jeweils die gleiche Größe besitzt. Dies folgt ohne weiteres aus dem Verhältnis der (synchronen) Ankerfelder bei gleicher Strombelastung, das durch die Zahl $1{,}73 = \sqrt{3}$ charakterisiert ist. Einschlägige Messungen an der Versuchsmaschine haben auch die obige Relation zwischen den Querreaktanzen bei Ein- und Dreiphasenbetrieb im großen und ganzen bestätigt, allerdings nur unter der Voraussetzung, daß beidemal dieselbe Erregung gewählt und durch eine geeignete Belastung annähernd die gleiche Ankerrückwirkung herbeigeführt wurde.

4. Beispiel für die Genauigkeit des Spannungsdiagrammes der Einphasenmaschine.

Nachdem wir jetzt die zur Konstruktion des Spannungsdiagrammes notwendigen Maschinenkonstanten kennen, soll im folgenden ein Beispiel darüber Klarheit verschaffen, mit welcher Genauigkeit das Diagramm die Versuchsresultate wiedergibt, wenn annähernd das normale Verhältnis von Magnet- zu Ankeramperewindungen eingehalten wird (vgl. S. 70 u. 71).

Als experimentelle Grundlage für das konstruktive Verfahren an Hand des Diagrammes diene die Polarkurve $\Delta = f(\varphi)$, welche uns Fig. 43 veranschaulicht. Bei Aufnahme der

Versuchswerte blieb die Erregung von $i_m = 3$ Amp., die Belastung von $J = 20$ Amp. und die Periodenzahl $\nu = 40$ konstant; hingegen wurde die äußere Phasenverschiebung φ in Stufen variiert, die einer Änderung der inneren Phasenverschiebung ϑ um je 15^0 in den Grenzen von 0^0—360^0 entsprechen. Die jeweils vorhandene Klemmenspannung Δ als Funktion des Winkels φ, in Polarkoordinaten aufgetragen, führte dann zur geschlossenen Kurve der Fig. 43. Hierbei beziehen sich Punkte oberhalb der Horizontalen xx auf den Betrieb der Maschine als Generator, darunter liegende Punkte auf den Betrieb als Motor.

Über die Winkelgrößen φ, ϑ und $\alpha = \vartheta - \varphi$, welche mit der Hilfsmaschine gemessen wurden, sowie über die numerischen Werte von Spannung und Leistung geben die Rubriken 1—6 der Tab. III den nötigen Aufschluß (s. S. 88).

Beschreiben wir nun um den Pol Q einen Kreis, dessen Radius durch die Leerlaufspannung E_s (= 116 Volt) bei der gewählten Erregung i_m bestimmt ist, und ziehen wir ferner unter einem beliebigen Winkel φ' zur Richtung des Stromvektors J einen Polstrahl, so schneiden uns die beiden Polarkurven, der Kreis und die graphisch dargestellte Funktion $\Delta = f(\varphi)$, auf dem Strahl eine Strecke Δ_s aus; diese gibt uns in jedem Belastungsfalle ein Maß für die Spannungserhöhung bzw. -erniedrigung, die bei vollkommener Entlastung des Generators oder beim Abtrennen des Motors vom Netz eintreten muß, wenn dabei Erregung und Tourenzahl unverändert bleiben.

Wollen wir jetzt, um die Genauigkeit unseres Diagramms zu erproben, auf konstruktivem Wege die Abhängigkeit der Klemmenspannung Δ von dem äußeren Phasenwinkel φ ermitteln, so können wir die elektrischen Größen J, ϑ und i_m als gegeben betrachten, während der Spannungsvektor Δ gesucht wird. Bei dieser Aufgabe ist zunächst der dem Strom proportionale charakteristische Linienzug $QPNOL$ für $J = 20$ Amp. zu entwerfen, wobei die einzelnen Teilstrecken folgende Werte besitzen:

Klemmenspannung Δ
als Funktion der
Phasenverschiebg. φ.

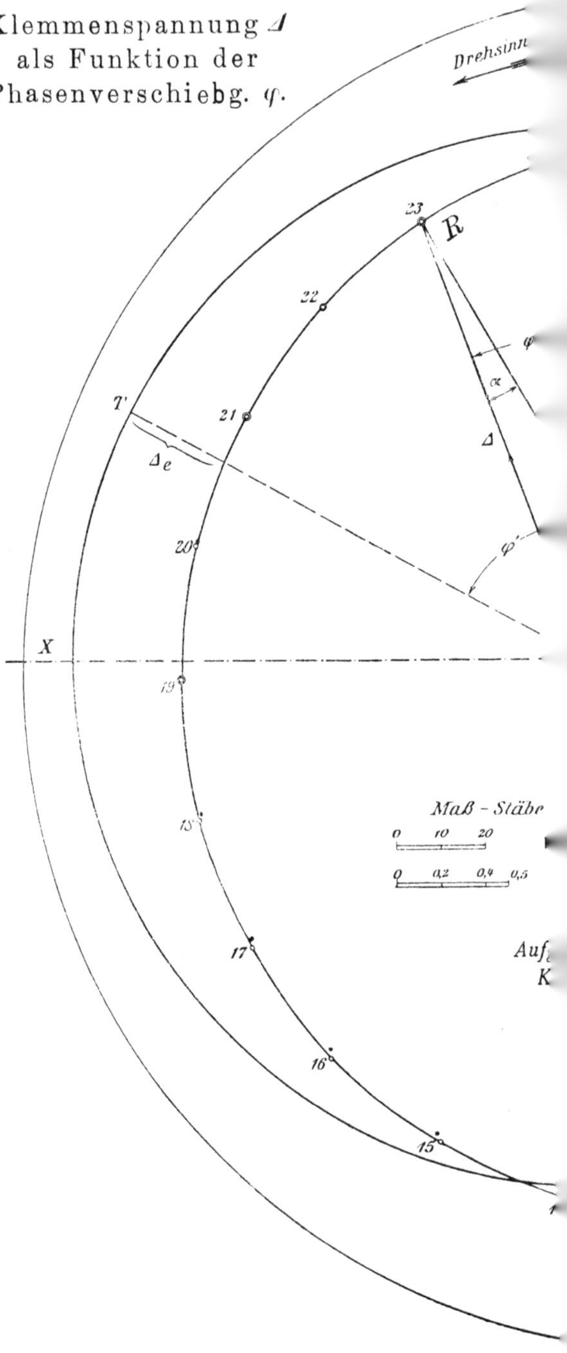

…schine.

Ankerstrom $J = 20$ Amp.
Erregerstrom $i_m = 3$ Amp.
Periodenzahl $\nu = 40$.

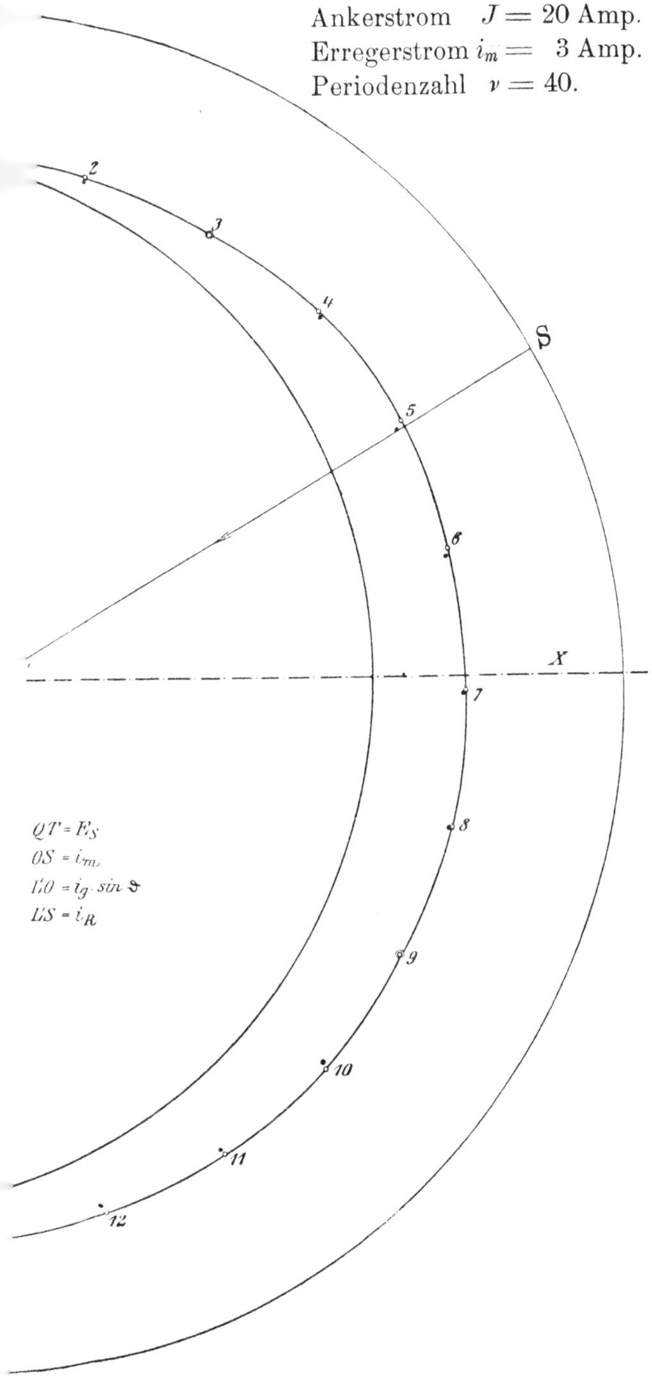

$$
\begin{aligned}
{}^{1)}\ QP &= E_r &&= J \cdot r &&= 0{,}21 \cdot 20 = 4{,}2 \text{ Volt}\\
PN &= E_\sigma &&= J \cdot k_\sigma &&= 0{,}7 \cdot 20 = 14 \text{ Volt}\\
{}^{2)}\ NO &= E_q/\cos\vartheta &&= J \cdot k_q &&= 0{,}45 \cdot 20 = 9 \text{ Volt}
\end{aligned}
$$

$$OL = i_g = \frac{A W_g}{w_m} = \frac{9{,}43 \cdot 20}{410} = 0{,}46 \text{ Amp. s. S. 75).}$$

Hierauf wird durch Punkt O eine mit der Spannung E_R gleichgerichtete Gerade gezogen, welche demgemäß mit dem Stromvektor J den angenommenen Winkel ϑ einschließen muß. Die Querspannung E_q stellt sich dann als das von N auf die Richtungslinie von E_R gefällte Lot NO' dar. Die Größe von E_R ergibt sich weiter aus der Leerlaufcharakteristik für einen Erregerstrom $i_R = \overline{i_m} - i_g \sin\vartheta$ ($i_g \sin\vartheta = OL'$), wobei der Winkel ϑ stets mit dem richtigen Vorzeichen einzuführen ist. Als Schlußlinie des so entstandenen Spannungszuges $QPNO'R$ resultiert endlich der gesuchte Vektor $\dot{\Delta}$, so daß hiermit ein Punkt der Polarkurve gefunden ist.

Die Diagrammkonstruktion wurde nun unter Einhaltung derselben Winkelstufen, die dem Versuche zugrunde liegen, für verschiedene Werte von ϑ wiederholt. Dabei bewegen sich die Punkte O' und L' auf Kreisen mit dem Durchmesser $E_q/\cos\vartheta$ bzw. i_g.

Die Resultate des graphischen Verfahrens sind in die Fig. 43 eingetragen (Punkte •); die sich hierbei ergebenden numerischen Größen von Spannung, Leistung und Phasenverschiebung finden sich in den Rubriken 6—10 der Tab. III (s. S. 88).

Ein Vergleich der auf konstruktivem Weg erhaltenen Werte mit den experimentell ermittelten zeigt nun in dem

---

[1]) Wird eine Maschine so belastet, daß ihre innere Phasenverschiebung 90° beträgt, dann stellt die am Wattmeter abgelesene Leistung das Produkt $J^2 \cdot r_{e\alpha}$ dar. Aus einer Reihe von Versuchen ergab sich für $r_{e\alpha}$ ein Mittelwert (0,21 Ω), der größer ist als der mit Gleichstrom im warmen Zustand gemessene Ankerwiderstand von 0,15 Ω. Die durch das inverse Feld bedingte Rückwirkung des Erregerkreises auf den Primärkreis (s. A. Kap. III, Abs. 5 c) sowie Wirbelströme im Magnetsystem können als wesentlichste Ursache dieser Abweichung angesehen werden.

[2]) k_q ist hierbei für $\overline{i_m} = 3$ Amp. aus der Kurve $k_q = f(\overline{i_m})$ entnommen s. Fig. 41.

ganzen Bereiche, über den sich die Untersuchung erstreckte, eine sehr gute und praktisch jedenfalls vollkommen hinreichende Übereinstimmung.

Schlufsfolgerungen.

Lassen sich die an der Versuchsmaschine gewonnenen Resultate verallgemeinern — und dafür spricht ihr Einklang mit den theoretischen Überlegungen —, so kommen wir zu dem Schlusse, daß bei normalen Einphasenmaschinen unter normalen Betriebsverhältnissen ein Diagramm, das lediglich die ersten Harmonischen berücksichtigt, zum gewünschten Ziele führt.

Nimmt dagegen bei einer Maschine das Verhältnis von Magnet- zu Ankeramperewindungen einen relativ kleinen Wert an, d. h. ist sie starken Überlastungen ausgesetzt, arbeitet sie bei schwacher Erregung oder besitzt sie von vornherein eine anormal große Ankerrückwirkung, dann muß sich auch die dritte Harmonische in der Spannungskurve deutlich bemerkbar machen.

Eine stark ausgesprochene dritte Harmonische bedingt aber eine Reihe von ungünstigen Betriebserscheinungen. So werden z. B. beim Parallelarbeiten mehrerer verschieden belasteter Maschinen Ausgleichströme entstehen, die den Wirkungsgrad und Leistungsfaktor der Maschinen vermindern und gleichzeitig eine Erhöhung der Erwärmung hervorrufen. Bei Asynchronmotoren bewirkt die dritte Harmonische eine relativ zu ihrer Größe bedeutende Stromaufnahme, während das Drehmoment keinen nennenswerten Zuwachs erfährt. Wir können uns hiervon leicht überzeugen, wenn wir das Kreisdiagramm des Einphasenmotors[1]) für die dritte Oberwelle der Spannung berechnen und uns an Hand des Diagrammes über die Werte von Strom, sekundärer Leistung und Drehmoment orientieren, die bei einer Schlüpfung von $s = \frac{\nu_1 - \nu_2}{\nu_1} = {}^2/_3$ auftreten. Es zeigt sich dabei, daß wir uns ganz in der Nähe

---

[1]) s. St. T., S. 601.

des sog. Kurzschlußpunktes befinden, d. h. des Belastungspunktes für stillstehenden Rotor. Mithin werden offenbar die Eigenschaften des Motors durch den Einfluß der dritten Harmonischen verschlechtert. Ferner kann die dritte Oberwelle (bzw. die fünfte, siebente usw.) in Linien und Netzen, die Kapazität enthalten, leichter zu Überspannungserscheinungen Anlaß geben als die Grundwelle; denn die Werte von Selbstinduktion und Kapazität stehen meist in solchem Verhältnis, daß der Resonanzfall: $\frac{1}{2\pi \cdot \nu \cdot C} = 2\pi \cdot \nu \cdot L$ (C Kapazitätskonstante, L Selbstinduktionskoeffizient) eher bei größerer als bei kleinerer Periodenzahl auftritt.

Um die unangenehmen Folgen einer ev. zutage tretenden starken Kurvenverzerrung zu vermeiden, läßt sich auf dem Magnetrad eine Kurzschlußwicklung anbringen, die das inverse Feld unterdrückt und so die Erzeugung einer in allen Belastungszuständen sinusförmig verlaufenden Spannung ermöglicht. Eine solche Wicklung bietet aber noch weitere sehr wichtige Vorteile. Einmal gewährt sie Sicherheit gegen den Durchschlag der Isolation von Erregerspulen, in denen unter gewissen schon besprochenen Bedingungen (s. u. A, Kap. III, 2) außerordentlich hohe Spannungen vom inversen Feld induziert werden; sodann dämpft sie vermöge ihrer dynamischen Wirkung Pendelungen der Netzleistung, wenn solche im Parallelbetrieb von Maschinen auftreten. Ferner steigt bei Anwendung einer Kurzschlußwicklung die Ausnutzungsfähigkeit des Maschinenmodells, indem die Joulschen Verluste in der Dämpferwicklung die Höhe der Hysteresis und Wirbelstromverluste nicht erreichen, welche vom ungedämpften inversen Feld hervorgerufen werden[1]). Aus diesen Gründen findet man in neuerer Zeit bei Einphasenmaschinen sehr häufig Kurzschlußwicklungen, die mit Rücksicht auf die konstruktive Ausführung in der Regel als Käfigwicklungen ausgebildet sind.

---

[1]) Vgl. Kittler-Petersen: Allg. Elektrotechnik, Bd. III, Wechselstrommaschinen, S. 177 und 178, und weiter die dort angegebene Quelle.

Anhang.

Überschlägliche Berechnung des Dämpferstromes in einer Käfigwicklung.

Im folgenden soll der Versuch gemacht werden, die in einer solchen Dämpferwicklung auftretende Strombelastung näherungsweise zu berechnen. Hierbei sei an ein Magnetrad mit ausgeprägten Polen gedacht, das pro Pol eine größere

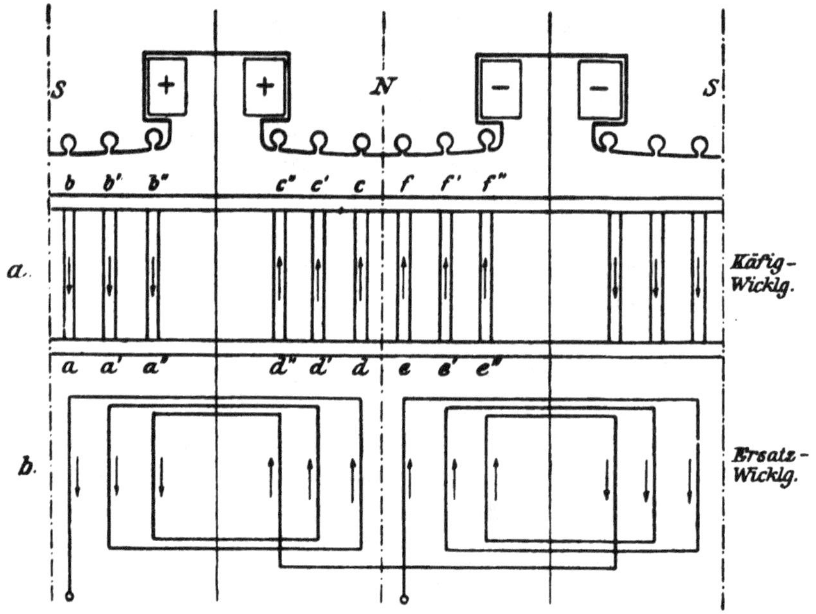

Fig. 44.

Anzahl von Dämpferstäben besitzt, die durch zwei an den Stirnseiten befindliche Ringe miteinander verbunden sind (s. Fig. 44a). Der exakten Lösung dieser Aufgabe stehen große, vielleicht unüberwindliche Schwierigkeiten im Wege; denn zeigt sich schon die Ermittlung der Stromverteilung in Käfigankern asynchroner Motoren als ein keineswegs einfaches

Problem[1]), so wird hier die rechnerische Untersuchung durch zwei Umstände noch wesentlich kompliziert, nämlich die Veränderlichkeit des Luftraums und das Vorhandensein einer zweiten Dämpferwicklung auf dem Rotor, d. h. der Erregerwicklung. Um trotzdem die Größe des Stromes pro Stab wenigstens approximativ bestimmen zu können und so einen Anhaltspunkt für seine Dimensionierung zu gewinnen, mögen nachstehende vereinfachende Annahmen gemacht werden.

Erstens sei vorausgesetzt, daß das in der Erregerachse pulsierende inverse Gegenfeld (s. Teil A, III, 1 b) nur durch die Erregerwicklung kompensiert werde, während die Kurzschlußwicklung an seiner Dämpfung keinen Anteil nehme.

Diese Annahme trifft natürlich nicht vollkommen zu, da die Kurzschlußwicklung Schließungskreise enthält (*c d e f*, *c' d' e' f'*, *c'' d'' e'' f''*), die vom inversen Gegenfeld induziert werden. Sie hat aber insofern eine gewisse Berechtigung, als die Magnetwicklung den ganzen Kraftfluß, jeder der vorerwähnten Schließungskreise dagegen nur einen Teil desselben umfaßt und ferner das Kupfergewicht der Erregerwindungen ein Vielfaches von dem der Dämpferwicklung beträgt. Von dem Verhältnis der Kupfergewichte bekommen wir eine Vorstellung, wenn wir bedenken, daß die Magnetamperewindungen in der Regel die drei- bis vierfache Größe der Ankeramperewindungen besitzen und letztere wieder etwa die doppelte Größe der Kurzschlußamperewindungen (s. die f. Seiten).

Nach obiger Voraussetzung hat nun die Kurzschlußwicklung lediglich die Aufgabe das inverse Querfeld zu unterdrücken. Dieses Wechselfeld führt in dem von zwei Polmittellinien begrenzten Raum Schwingungen mit doppelt synchroner Periodenzahl aus und wird nach Skizze 44a von den parallel laufenden Schließungskreisen *a b c d*, *a' b' c' d'*, *a'' b'' c'' d''* umschlungen. Letztere sind aber elektrisch nicht identisch und müssen deshalb Ströme führen, welche nach Größe und Phase etwas voneinander abweichen. Eine genaue Bestimmung der Stromverteilung könnte durch Einführung der Selbst- und

[1]) s. E. T. Z. 1909, S. 1191. K. Simons: Verteilung der Ströme in parallel geschalteten Transformatorwicklungen, insbesondere im Kurzschlußanker.

Wechsel-Induktionskoeffizienten der einzelnen Kreise erfolgen. Nachdem aber diese Koeffizienten bei einem veränderlichen Luftraum nur unsicher zu berechnen sind, wollen wir eine weitere Annahme treffen. Es soll die vorliegende Kurzschlußwicklung durch eine andere ersetzt werden, bei der alle Stäbe in Serie geschaltet sind, etwa in der Weise, wie es die Fig. 44b, S. 82 zeigt. Eine solche Wicklung wird bei einer bestimmten Amperewindungszahl des Ankers annähernd dieselben Amperewindungen aufweisen wie die Käfigwicklung. Da auch die Zahl und die Verteilung der Stäbe die gleiche ist, so repräsentiert der pro Stab auftretende Strom einen Mittelwert der Ströme in den um das Querfeld sich schließenden Kreisen der Käfigwicklung.

Zur Bestimmung des Stromwertes in der Ersatzwicklung, die mit III bezeichnet werden soll, ist zunächst die Kenntnis der Wechselreaktanz k_{13} und der Eigenreaktanz k_{33} notwendig. Die Reaktanz k_{13} läßt sich auf dieselbe Art berechnen wie die Wechselreaktanz k_{12} zwischen Anker- und Magnetwicklung (Gl. 32, S. 30), nur tritt an Stelle des inversen Gegenfeldes das inverse Querfeld (s. die Gl. S. 25) und 28) und an Stelle der konzentrierten Erregerwicklung die verteilte Dämpferwicklung. Mit Rücksicht darauf erhält man dann für k_{13} den Ausdruck:

$$k_{13} = \frac{16\,\pi}{10} \cdot 2\,\nu \cdot \frac{R \cdot L}{\delta''} \cdot c_q \cdot w_1 \cdot w_3 \cdot 10^{-8}\,\Omega \quad . \quad . \quad . \quad (50)$$

Hierbei bedeutet $w_3 = f_3 \cdot z$ das Produkt aus dem Wicklungsfaktor f_3 der Kurzschlußwicklung und ihrer Stab- bzw. bewickelten Nutenzahl pro Pol z. Bezeichnet nun φ den Winkel, welchen zwei aufeinanderfolgende Nuten miteinander einschließen, so ist der Wicklungsfaktor der verteilten Wechselstromwicklung durch die bekannte Gleichung bestimmt:

$$f_3 = \frac{\sin\left(\frac{\varphi}{2} \cdot z\right)}{z \cdot \sin\left(\frac{\varphi}{2}\right)} \quad . \quad . \quad . \quad . \quad . \quad . \quad . \quad (5).$$

Was die Reaktanz k_{33} anbelangt, so lautet die hierfür geltende Beziehung ganz ähnlich wie die Formel für die

Eigenreaktanz k_{22} einer verteilten Gleichstrom-Erregerwicklung (Gl. 40c, S. 34, nämlich;

$$k_{33} = \frac{32\,\pi}{10} \cdot 2\,\nu \cdot \frac{R \cdot L}{\delta''_q} \cdot c_q \cdot w_3^2 \cdot 10^{-8}\,\Omega \quad . \; . \; . \quad (51)$$

Gegenüber Gl. 40c erscheint in dem vorstehenden Ausdruck an Stelle von $w_2^2 = \left(f \cdot \frac{s \cdot b}{4\,a\,p}\right)^2$ die Größe w_3^2 und außerdem berücksichtigt hier der Faktor c_q den Umstand, daß nur die erste Harmonische des von der Kurzschlußwicklung erzeugten Sattelfeldes in Rechnung gezogen wurde.

Die weiteren Entwicklungen erfolgen jetzt ganz analog, wie sie früher für den Erregerkreis durchgeführt wurden (s. unter A, Kap. III, 3). Es soll deshalb gleich das Endresultat, d. h. die Gleichung für den Dämpferstrom J_3, angegeben werden, also

$$\dot{J}_3 = -\frac{k_{13}}{k_{33}\,(1 + \sigma_3)} \cdot \frac{1 - j\,\frac{r_3}{k_3}}{1 + \left(\frac{r_3}{k_3}\right)^2} \cdot \dot{J}_1 \quad . \quad (52\,a)$$

Unter r_3 wird hierbei der Widerstand, unter σ_3 der Streuungskoeffizient der Ersatzwicklung verstanden, welch letxtere je nach der Größe des Luftraums und der Art der Nuten zu etwa 0,15—0,25 geschätzt werden kann.

Trifft man nun wieder die Vernachlässigung $\frac{r_3}{k_3} = 0$, so erhält die obige Beziehung ihre einfachste Form:

$$J_3 = \frac{1}{2}\,\frac{w_1}{w_3} \cdot \frac{1}{1 + \sigma_3} \cdot J_1 \quad . \; . \; . \; . \; . \; . \quad (52\,b)$$

$$w_1 = \frac{f_1 \cdot z_1 \cdot \mathfrak{w}}{\mathfrak{a}},$$

die erkennen läßt, daß die Dämpferamperewindungen $J_3 \cdot w_3$ etwa die Hälfte der Statoramperewindungen $J_1\,w_1$ betragen.

Ist jetzt mit Hilfe von Formel 52b die Größe des Stromes J_3 gefunden, so kann unter Zugrundlegung einer bestimmten Stromdichte der Querschnitt der Stäbe berechnet werden.

Für die Ermittlung des Ringquerschnittes gibt die nachstehende Überlegung einen Richtpunkt. Die einzelnen Ringsegmente führen Ströme verschiedener Stärke, wie man sich leicht durch Verfolgung der parallelen Strombahnen in Fig. 44a überzeugen kann (s. Pfeile). Die maximale in den Segmenten $b'' c''$, $a'' d''$ auftretende Strombelastung beträgt nach unserer Näherungsmethode $\frac{z}{2} \cdot J_3$ Ampere, die minimale in den Segmenten $c f$, $d e$ ergibt sich zu 0 Ampere, wenn der Einfluß des inversen Gegenfeldes unberücksichtigt bleibt. Dementsprechend kommt für die Dimensionierung des Ringquerschnittes ein Strommittelwert in Betracht, welcher in den Ringen dieselben Verluste hervorruft wie die Summe der in den einzelnen Segmenten fließenden Ströme.

Es empfiehlt sich, die Querschnittsabmessungen für Stäbe und Ringe, wie sie auf Grund des berechneten Stromwertes J_3 und einer angenommenen Stromdichte von etwa 2,5—3 Ampere erhalten werden, nicht zu unterschreiten, sondern eher reichlicher zu wählen, und zwar aus folgenden Gründen:

1. Stellt der Strom J_3 nur einen Mittelwert der Käfigströme dar;

2. Beteiligt sich tatsächlich die Käfigwicklung, wenn auch nur in geringem Maße, an der Dämpfung des inversen Gegenfeldes, wodurch die in den einzelnen Stäben fließenden Ströme eine Vergrößerung erfahren.

3. Muß bei momentaner Unterbrechung des Erregerkreises die Kurzschlußwicklung allein das inverse Gegenfeld kompensieren, so daß sie vorübergehend wesentlich höher belastet wird;

4. Treten im Parallelbetrieb mehrerer Maschinen Leistungspendelungen auf, so übernimmt die Käfigwicklung die weitere Aufgabe, diese Schwingungen zu dämpfen. Es lagern sich dabei über die normal vorhandenen Ströme von doppelt synchroner Periodenzahl noch solche mit anderer Periode, die von den Pendelungen herrühren. Folglich kann der für die Erwärmung der Wicklung in Frage kommende mittlere effektive Strom gegebenenfalls beträchtlich größer werden als der nach Formel 52b berechnete Wert.

Tabellen zum experimentellen Teil.

Tabelle Ia

(zu Kap. III, Abs. 1).

Messungen bei $J = 34$ Amp., $\vartheta = 0°$.

Fig.	$i_{\overline{m}}$ Amp.	J_w Amp.	$\varDelta$ Volt	W Watt	$\varphi = \alpha$ n. Nullmeth.
35	0	0,523	51,4	— 242	+ 82° 3′
36	0,7	0,85	57,2	+ 830	— 63° 7′
37	1,4	1,49	73,2	+ 1840	— 41° 52′
38	2,2	2,26	96,3	+ 2880	— 25° 39′

Tabelle Ib

(zu Kap. III, Abs. 1).

Analyse der Klemmenspannungskurven.

Fig.	$\varDelta^1$ Volt eff.	$\varDelta^3$ Volt eff.	$\frac{\varDelta^3}{\varDelta^1}$	$\frac{\varDelta}{\varDelta^1}$	$\varDelta$ Volt eff.	ψ^0 Verschbg. d. 3. H.	$\varphi = \alpha$ nach Analyse
35	46,6	22,6	0,486	1,11	51,4	72° 34′	+ 81° 6′
36	50,5	25,2	0,496	1,137	57,2	87° 25′	— 65° 12′
37	69,1	23,9	0,346	1,06	73,2	94° 16′	— 40° 34′
38	94,8	18,0	0,19	1,017	96,3	104° 30′	— 26° 17′

Tabelle II

(zu Kap. III, Abs. 3).

$\vartheta = 0°$; $J = 30$ Amp., $k_\sigma = 0{,}70\,\Omega$.

i_m Amp.	$\varDelta$ Volt	W Watt	$\varphi = \alpha$ n. Nullmeth.	sin φ	$\frac{\varDelta \sin \varphi}{J}$	k_q Ohm
2,26	98,2	2700	— 23° 1′	0,391	1,27	0,57
2,58	107	3000	— 20° 10′	0,345	1,23	0,53
2,7	109,6	3095	— 19° 3′	0,326	1,19	0,49
2,9	113	3225	— 18° 4′	0,310	1,16	0,46
3,0	115,8	3325	— 17° 16′	0,297	1,14	0,44
3,2	118,2	3400	— 16° 22′	0,282	1,11	0,41
3,47	122,3	3512	— 15° 38′	0,270	1,10	0,40
3,8	125,5	3638	— 14° 39′	0,253	1,06	0,36
4,15	127,5	3738	— 13° 50′	0,239	1,02	0,32

Tabelle III

(zu Kap. III, Abs. 4).

$i_m = 3$ Amp.; $J = 20$ Amp.

		Versuchswerte					Konstruktiv gefundene Werte			
Nr.	ϑ	Δ Volt	α	φ Nullmeth.	$\cos\varphi$	W Watt	Δ Volt	φ	$\cos\varphi$	W Watt
1	0°	115,6	+ 11° 33′	− 11° 33′	0,98	+ 2266	114,8	− 11° 35′	0,98	+ 2250
2	− 15°	121,1	+ 10° 57′	− 25° 57′	0,899	+ 2180	120,2	− 25° 47′	0,90	+ 2164
3	− 30°	125,7	+ 9° 41′	− 39° 41′	0,77	+ 1935	125,6	− 39° 52′	0,768	+ 1933
4	− 45°	132,0	+ 7° 54′	− 52° 54′	0,603	+ 1592	131,0	− 53° 30′	0,595	+ 1558
5	− 60°	135,2	+ 5° 51′	− 65° 51′	0,409	+ 1104	133,3	− 66° 24′	0,40	+ 1066
6	− 75°	136,6	+ 3° 18′	− 78° 18′	0,203	+ 554	135,7	− 78° 58′	0,191	+ 518
7	∓ 90°	137,6	+ 1° 21′	+ 88° 39′	0,024	− 65	136,9	+ 88° 17′	0,030	− 83
8	+ 75°	138,0	− 53′	+ 75° 53′	0,244	− 671	137,5	+ 75° 48′	0,245	− 674
9	+ 60°	136,6	− 3° 33′	+ 63° 33′	0,445	− 1215	136,6	+ 62° 53′	0,456	− 1243
10	+ 45°	136,0	− 5° 38′	+ 50° 38′	0,634	− 1722	134,3	+ 50° 49′	0,632	− 1693
11	+ 30°	133,0	− 7° 57′	+ 37° 57′	0,789	− 2100	131,6	+ 37° 41′	0,790	− 2080
12	+ 15°	129,6	− 10° 2′	+ 25° 2′	0,906	− 2345	127,5	+ 24° 42′	0,908	− 2315
13	0°	125,2	− 11° 15′	+ 11° 15′	0,981	− 2455	122,5	+ 11° 3′	0,981	− 2450
14	− 15°	118,4	− 12° 0′	− 3° 0′	0,999	− 2365	116,7	− 3° 33′	0,998	− 2380
15	− 30°	111,2	− 12° 28′	− 17° 32′	0,954	− 2118	109,5	− 18° 28′	0,948	− 2080
16	− 45°	105,0	− 11° 2′	− 33° 58′	0,829	− 1743	103,4	− 34° 32′	0,824	− 1706
17	− 60°	98,7	− 9° 28′	− 50° 32′	0,636	− 1310	97,6	− 51° 10′	0,626	− 1220
18	− 75°	94,2	− 6° 34′	− 68° 26′	0,368	− 690	93,6	− 68° 56′	0,359	− 672
19	∓ 90°	91,2	− 2° 48′	− 87° 12′	0,049	− 89	91,2	− 87° 20′	0,049	− 83
20	+ 75°	91,1	+ 1° 1′	+ 73° 59′	0,276	+ 502	91,1	+ 73° 34′	0,283	+ 516
21	+ 60°	93	+ 4° 34′	+ 55° 26′	0,567	+ 1053	93,0	+ 54° 53′	0,573	+ 1069
22	+ 45°	96,7	+ 8° 10′	+ 36° 50′	0,80	+ 1548	95,9	+ 36° 52′	0,80	+ 1535
23	+ 30°	102,2	+ 10° 4′	+ 19° 56′	0,94	+ 1920	102,0	+ 20° 0′	0,94	+ 1918
24	+ 15°	108,3	+ 11° 27′	+ 3° 33′	0,998	+ 2165	180,0	+ 3° 47′	0,998	+ 2155

www.ingramcontent.com/pod-product-compliance
Lightning Source LLC
Chambersburg PA
CBHW081232190326
41458CB00016B/5757